HAIR COLORING
* 韩式染发教程

（韩）李英美　张文周　延贞儿　著
王元浩　焦广心　译
蒋宝良　审

辽宁科学技术出版社
沈　阳

前 言

在发型设计的要素中，颜色占有相当大的比重。随着世界日渐成为一个生活圈，各国的文化与时尚在东西方之间进行着激烈的交流与碰撞，同时，发型已经成为与民族或肤色无关的共同话题。

亚洲人毛发的颜色基本上是以棕色或黑色为主，在这样的情况下，要想设计出更多的发色，那就需要具备更多的技术力量和毛发养护知识。

染发是通过使用化学产品使头发上色或者除色的技术。所以，在发型设计与养护中应该首先掌握颜色的相关知识及产品的正确使用方法等。

我们认为，用一一列举各种染发技术的方式去编写书籍是毫无意义的。本教材是由与染色技术相关联的毛发染色理论、染色和褪色的原理与方法，以及颜色的应用方法等内容组成，能够使学生迅速地适应实际工作需要。

在此，向对本教材尽心竭力的同事们致以真诚的谢意。同时，向致力于编写出优秀书籍的韩国训民社编辑部和职员们献上最真挚的感谢。

作者 题

CONTENTS

CONTENTS

CHAPTER 05 ∗ 染发剂涂抹技术

CONTENTS

CHAPTER 01

＊ 染发的历史

保护和装饰人体是毛发的基本功能。自古以来，头发对男性来说是力量的象征，对女性来说是魅力的标志。同时，毛发的颜色也是一个时代权力的象征，并反映出流行的趋势。

1. 染发的历史

1）埃及时代

埃及壁画

公元前 3000 年左右，从埃及开始，人们已经开始使用海娜粉对胡须和毛发进行染色了。

埃及人不仅使用杜松的树胶和海娜粉来给白色毛发染色，而且那时候他们还能够将黑色的小牛血液和蛇的脂肪与油一起熬熟，应用在用鳞毛和动物毛发制作的假发上。

虽然假发以黑色为主，但是从人们开始用植物汁液作染料，穿原色衣服后，人们也制作出了白色、红色、黄色、青色、绿色等颜色的假发。其中红色或者深褐色的假发象征着权力地位高于一切的祭祀长阶级。

2）希腊罗马时代

罗马时代对神极为崇拜。染成金发是女性最流行的形式，表达

维纳斯的诞生（波提切利作）

了对自然美的向往。

在这个时代，服饰显得相对简单单一，与其相比，人们对发型的关心程度更高。首先用草木灰水对头发进行褪色，然后将头发在掺有捣碎的黄花的水里进行漂洗，将头发染成金黄色，最后，在头发上涂上油，使其变得有光泽。此时，可以将大波浪卷儿的头发自然地解开，也可以在头顶或后脑部分挽成发髻，展现出多种多样的款式。

稍微对前面的刘海儿进行卷发处理，使其看起来具有立体感，也可以将后面的头发卷上去，做成圆筒的形状。还可以将前面的头发向后梳理，做出蓬巴杜（Pompadour）发型。

3）中世纪

在中世纪，将锑（antimonty）、靛蓝染料（indigo）、海娜粉（henna）等植物的叶子磨碎，放到热水、香料和油的混合物中，制作成膜状物，然后涂抹在假发上，最后在炽热的太阳下，染上深深的黑色。未婚的女性将头发中分，在胸前将头发编为两股或者三股，长长地垂于胸前。而已婚的女性则将编好的头发盘到脑后。

中世纪
（约翰·爱德华·威廉斯　作）

4）文艺复兴时期

文艺复兴时期，金发再度流行。在毛发上均匀地涂抹上碱性溶液（腐蚀性溶液），在头顶帽檐处，将头发散开，在太阳底下晒 3～4 小时进行褪色。这就是威尼斯风格的金发色调。

梅迪奇与伊丽莎白一世

根据 30 分钟内将毛发染为"栗子树"颜色的方法可以看出，染发实现了普及化，利用银的氧化变黑原理，开始了使用银对毛发进行染色的历史。

5）巴洛克·洛可可时代

17 世纪巴洛克·洛可可时代多以头发的浓密为傲，各种发型不断涌现。根据法国上流社会及宫廷的风俗，假发开始登场，在假发上撒各种粉使假发着色，并用发膏进行固定。

雅克·路易·大卫
（雅克·路易·大卫 作）

6）韩国

韩国从高丽时代开始染发，以黑色头发最为流行，所以一直以来，韩国人都愿将头发染成黑色。

2. 染发剂的发展历程

· 19 世纪开始，随着化学染发剂的开发，正式进入了染发时代。

· 1818 年，外科医生雅克·特纳（Jacques Thenard）发现过氧化氢并不仅仅具有消毒作用，还有脱色作用，从而开始将过氧化氢用作脱色剂。

· 1863 年，霍夫曼（Hofmann）发现头发染色剂的主要成分为对苯二胺（PPD）。

· 1883 年，法国莫奈四家的染色剂获得了许可证书。

· 1907 年，法国年轻的化学家欧仁·舒莱尔（Euge'ne schueller）开发出合成染色剂。

· 1925 年，氧化染料的染色剂被开发出来，由此多种颜色的酸性染色剂和氧化染发剂得以使用。

· 1936 年，乳霜类染发剂出现，由此开发出染发剂的多种色彩和技术。

CHAPTER **02**

* **染发色彩理论**

染发剂是一种能够在头发上引起物理性、化学性变化的药品，所以，如果在对头发没有正确认识的情况下进行染发的话，必然会给头发带来损伤，也很难做出满意的发色。

1. 毛发的结构

毛发分为皮肤内部的毛根部分和皮肤表面能够看得见的毛干部分。进行染色的是毛干部分。

毛发的结构见图 2.1。

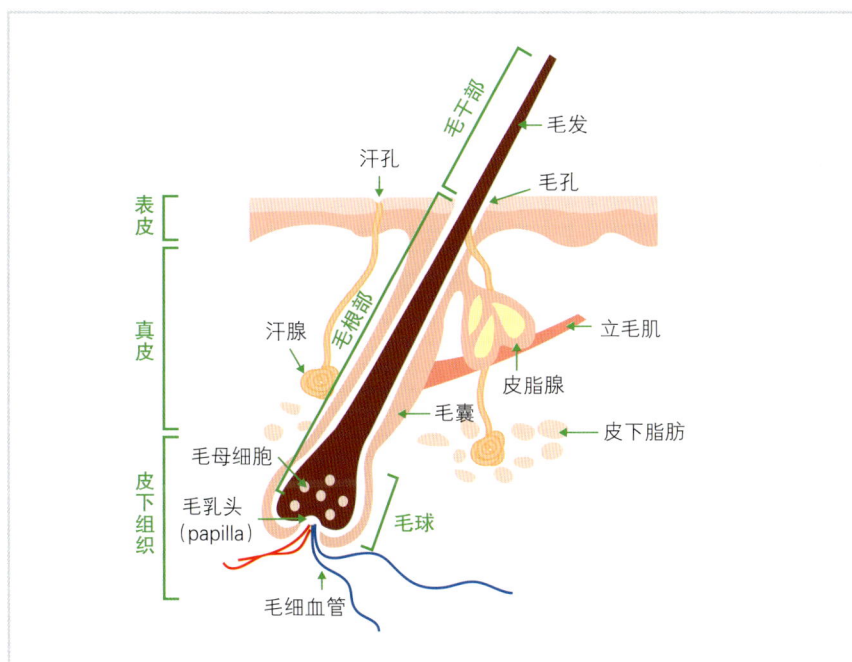

图 2.1　毛发的结构

1) 毛发外形

毛发的直径一般是 0.07 ~ 0.08mm，直发的截面为圆形，卷发的截面为椭圆形，卷缩发的截面近似于扁平形态。头发的断面是根据毛径指数来区分的。

毛径指数 = 头发的半径 / 头发的直径
* 毛径指数越接近 1，毛径截面越接近圆形。

2) 毛发的结构

毛发成分约 90% 以上是角质蛋白，由毛表皮、毛皮质、毛髓质组成。

毛发的截面与结构见图 2.2。

(1) 毛表皮

毛表皮是头发的最外层，角质蛋白结构，由网状的胶原蛋白质构成，类似鱼鳞，4 ~ 10 层，片瓦状重叠在一起。

毛表皮保护头发内部，透明无色部分占 10% ~ 15%。毛表皮的重叠程度决定了头发的强度。头发强度随着摩擦而减弱，在梳子、洗发水等物理性刺激下，毛表皮强度很容易下降。重叠部分越结实，重叠层数越多，化学抵抗力越强，染色或者烫发就变得越难进行。

毛表皮有三层结构，最外面的一层胱氨酸（cystine）含量高，由化学抵抗力强的上表皮（epicuticle）、中间层的皮质层（excocutcle）以及内层和皮质层接触的髓质层（endocutcle）组成。

(2) 毛皮质

角蛋白中的蛋白质结构是一种链条结构，像是被搓在一起的绳

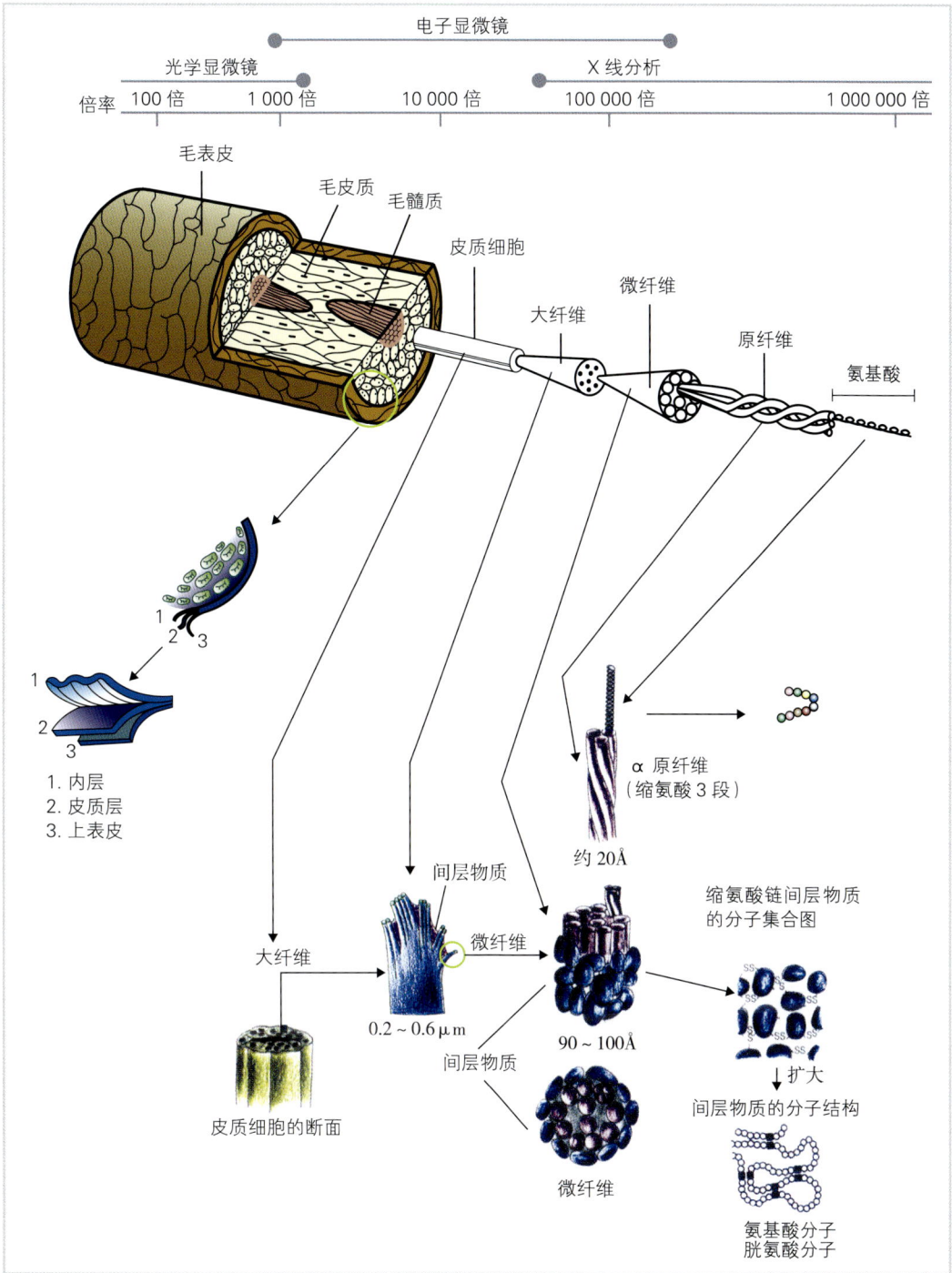

图 2.2 毛发的截面与结构

子，占据了毛发的 85%～90%，作为皮质细胞和细胞之间的链接物发挥着作用。毛皮质可以影响毛发的强度、弹性、柔韧性、生长方向、粗细、发质等，甚至可以决定毛发的性质。所以，毛皮质在美容美发中受到的影响最大。

皮肤表层中的黑色素决定毛发的颜色，它们所在的部位就是进行碱性氧化染色的部位。

① 决定领域（皮质细胞）

决定领域是毛皮质中比较坚硬的部分，又被称为大纤维，是一种方锥形纤维束结构，以圆形色素粒子的形式分布在细胞中心附近，是皮质细胞间的细长的圆柱状物质。

氨基酸按照一定的规则排列组合，形成了比较牢固的纤维链，氢键的链接使得这部分较为坚韧，不容易发生化学反应。

② 非决定领域（细胞间的链接物质，间充组织）

皮质层中较柔软的部分，也被称为间充物质，存在于纤维蛋白中。角蛋白分子按不规则排列的状态流动着。这个部位中存在着大量的胱氨酸和侧链，所以显得比较软，也比较容易发生化学反应。

毛发起着维持毛发原有水分和弹性的作用。同时，发色中的染料也主要存在于间充物质当中，所以这也是染色时主要受影响的部位。

非决定领域中的角蛋白分子大小是决定领域中纤维角蛋白分子的 1/8 左右。间充物质中硫黄成分大约占到 12% 的程度。

（3）毛髓质

毛髓质位于毛发的中心部位，它的内部是中空的。并不是所有的毛发都有毛髓质，曾在寒冷地区生活的动物的毛发中，发现有这种结构。毛髓质可以存储空气，起到保温的作用。毛髓质中有色素存在。

2. 毛发的生长

　　毛发每天都会或多或少地长一点。虽然我们无法看到毛发的生长过程，但是，我们染发一段时间之后会从根部长出新的毛发，这样，我们就可以用眼睛看到一个月中，毛发长了多少。

　　毛发的生长是从发根部分开始的。在毛囊内部有毛母细胞，正是毛母细胞的分裂使得细胞的数量不断增加，同时，所增加的细胞会慢慢地丧失水分，逐渐变得比较粗糙、坚硬、角质化，最后被推挤到了头皮外面。毛囊的数量在出生的时候就已经确定了。

　　蛋白质分解成的氨基酸通过毛细血管对毛乳头进行供给，这样就到达了毛母细胞，使得毛发不断生长。

毛发的生长周期

　　毛发经过一定时间的繁殖生长后，就会停止生长，进而脱落。这个时间被称为毛发生长周期，这个周期一生会重复 23～25 次。毛发的生长周期可以分为 3 个阶段：生长期、休止期和脱落期。

（1）生长期（Anagen）

　　生长期是毛发生长最旺盛的时期，也是毛母细胞分裂最活跃的时期，占整个毛发周期的 90%。毛发生长期的期限一般是 3～6 年，男生一般为 3～5 年，女生为 4～6 年。毛发每天能够生长 0.35～0.4mm。

（2）休止期（Catagen）

　　休止期就是毛母细胞停止细胞分裂的时期。时间一般为 3～4 周，占整个毛发生长周期的 1% 左右。

（3）脱落期（Talogen）

脱落期指的是毛囊内部的毛乳头完全被分离开来，毛发自然脱落的时期。脱落期占整个毛发生长周期的 10% 左右，时间为 3～4 个月。在脱落期内，毛囊内部会有新的毛发生长出来。

毛发的生长周期见图 2.3。

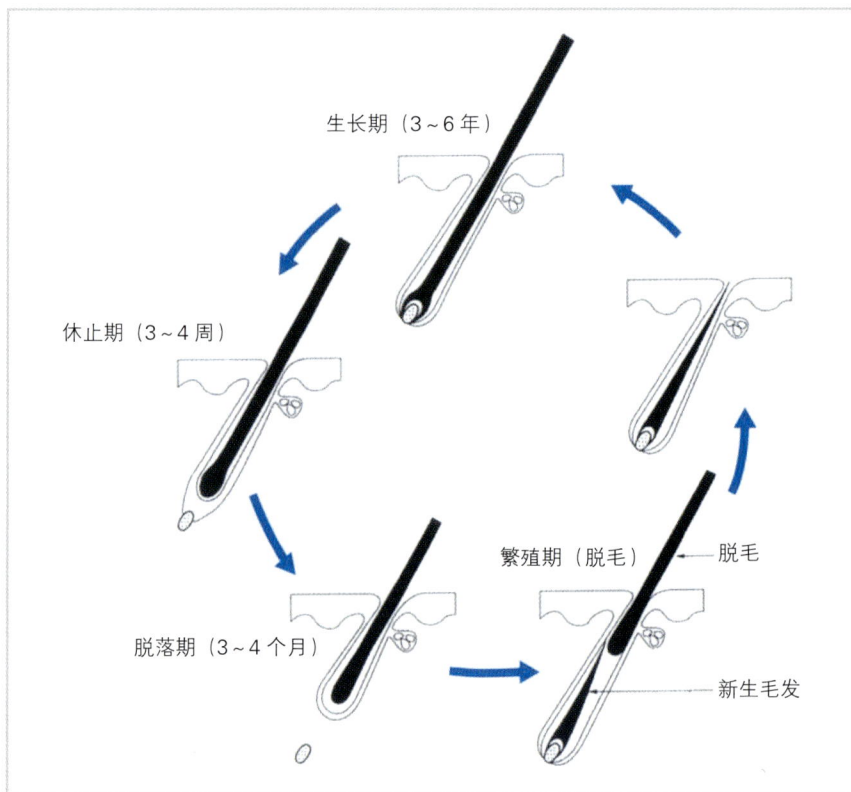

生长期（3～6 年）

休止期（3～4 周）

繁殖期（脱毛）——脱毛

脱落期（3～4 个月）

新生毛发

图 2.3 毛发的生长周期

3. 与染色相关的毛发特性

1) 毛发与 pH

pH 是通常意义上溶液酸碱浓度的衡量标准，浓度指数一般在 0 ~ 14。7 为中性，大于 7 则溶液呈碱性。

换句话说，pH 是表示水中的氢离子浓度（H^+）与氢氧化离子浓度（OH^-）的对比。7 为中性；氢离子越多，pH 就会在 7 以下，显示的是酸性；反之，氢氧化离子越多，pH 就会在 7 以上，显示为碱性。

酸性特征	碱性特征
·杀菌作用	·清洗作用
·压缩蛋白质	·软化蛋白质

（1）毛发的 pH

一般来说，毛发的 pH 为 4.5 ~ 5.5。实际上，这并不是毛发的 pH，而是皮脂腺所分泌的皮脂和汗腺所分泌的汗液混合后所形成的覆盖在皮肤表面的皮脂膜的 pH。

之所以毛发的 pH 略显酸性，是为了防止外部细菌的入侵，更好地维持毛发蛋白质的构造。清洗干净头发之后，皮脂膜再次覆盖整个头皮要 6 小时，扩展到发梢的话，花的时间会更长。所以，虽然靠近头皮的毛发 pH 可以维持在 4.5 ~ 5.5 之间，但是远离头皮的毛发部位的 pH 会显得偏大。

因为皮脂膜无法到达发梢部位，所以，头发较长的话，发梢容易受到伤害。而烫发或染发等化学手段可以打破毛发的 pH。

pH 与环境的关系见图 2.4。

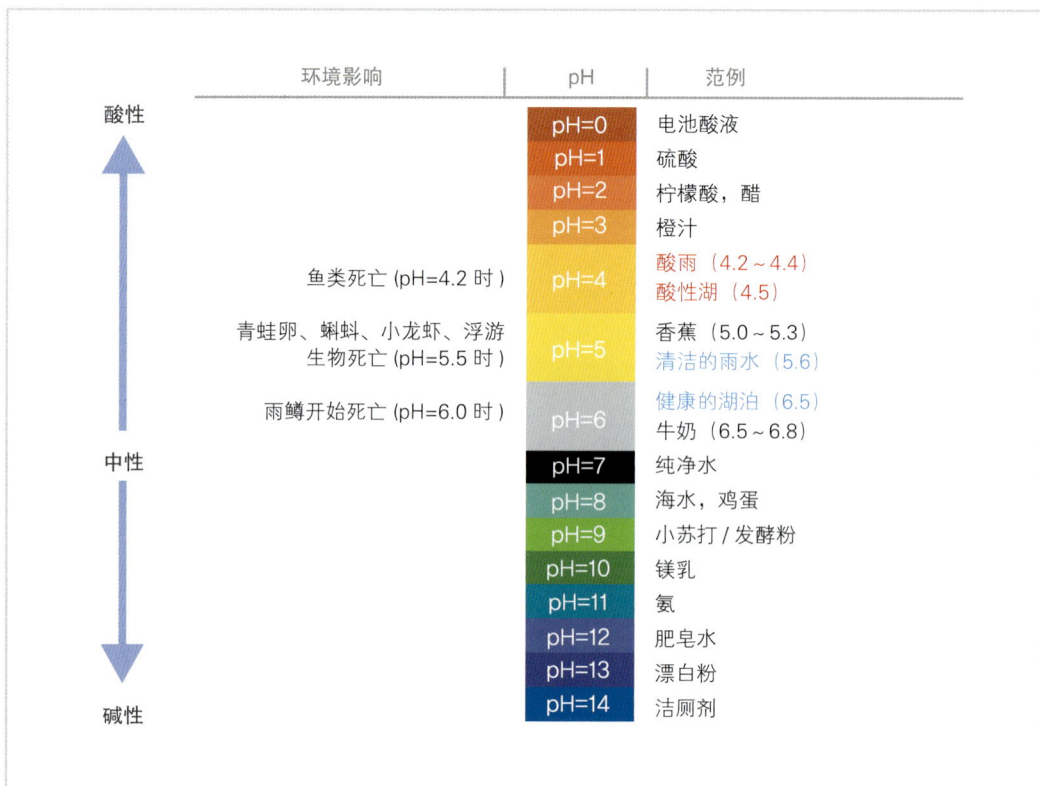

环境影响	pH	范例
酸性 ↑	pH=0	电池酸液
	pH=1	硫酸
	pH=2	柠檬酸，醋
	pH=3	橙汁
鱼类死亡 (pH=4.2 时)	pH=4	酸雨（4.2～4.4） 酸性湖（4.5）
青蛙卵、蝌蚪、小龙虾、浮游生物死亡 (pH=5.5 时)	pH=5	香蕉（5.0～5.3） 清洁的雨水（5.6）
雨鳟开始死亡 (pH=6.0 时)	pH=6	健康的湖泊（6.5） 牛奶（6.5～6.8）
中性	pH=7	纯净水
	pH=8	海水，鸡蛋
	pH=9	小苏打 / 发酵粉
	pH=10	镁乳
	pH=11	氨
	pH=12	肥皂水
	pH=13	漂白粉
碱性 ↓	pH=14	洁厕剂

图 2.4　pH 与环境的关系

（2）pH 对毛发的影响

毛发在 pH 为碱性的环境中会膨胀起来，毛表皮层会受到破坏，并且毛表皮的结合力也会减弱。

烫发 1 剂和染发 1 剂里面含有碱，因为通过碱可以渗透到对化学产品具有很强抵抗性的毛表皮层，甚至可以影响到毛皮质层，使其对产品的吸收更加容易。另外，这个也是导致毛发损伤的一个原因。碱性较强的情况下，会使毛发变得膨胀、蓬松，甚至被融化掉。

一般来说，肥皂的 pH 大约为 8，洗发水的 pH 为 6～7，肥皂对头发的伤害更大。酸性环境一般对头发没有什么伤害，强酸环境除外。弱酸性可以使头发变得更加坚韧，也可以修复逐渐长长的头发，所以，在染发之后应该使用酸性洗发水。

2）毛发与离子

构成毛发的氨基酸有正（+）负（−）两极，其中碱性代表正极（+），酸性代表负极（−）。中性情况下，正负两极是同等的，这种情况我们称为"等电点"。每个氨基酸都有自己的等电点。

一般来说，洗发水中掺有阴离子表面活性剂，所以，在洗发后，毛发中的阳离子会多起来。因此洗发之后，应该使用含有阳离子表面活性剂的护发素，使头发的离子保持均衡。

毛发等电子区域的 pH 为 4.5～5.5，这是毛发中的离子键最稳定的区域。在弱酸性环境下，毛发的离子为阴性（−），可以利用这个原理，对头发进行酸性染色。当离子键处于 pH 小于 4.5 或者大于 5.5 的环境中时，会变得非常脆弱或者容易折断。

3）毛发的颜色

毛发的颜色大部分来自遗传。黑色素是一种决定头发颜色的元素，可以分为两种类型。颜色发暗的毛发和颜色鲜亮的毛发中都存在着这两种黑色素，其中颜色发暗的毛发中主要为真黑素，而颜色鲜亮的毛发中主要是褐黑素。

（1）黑色素种类
① 真黑素（eumelanin）

真黑素决定着褐色或黑色的头发颜色，毛发中的真黑素越多，头发的颜色就越暗。黑人或者东方人的皮肤中存在着大量的真黑素。

真黑素的形状跟米粒差不多，起着保护皮肤不受光线伤害的作用。真黑素的色素粒子比较大，色素粒子聚集在一起，在脱色剂的作用下，很容易受到破坏（图2.5）。

图 2.5　真黑素

② 褐黑素〔pheomelanin〕

褐黑素主要显示为黄色或红色，白人的皮肤和毛发中存在着大量的褐黑素，所以皮肤和毛发显得比较鲜亮。

与真黑素相比，褐黑素的粒子显得相对较小，呈椭圆状，表面凹凸不平，结构不紧凑。这种粒子主要以分散的形式存在于毛皮质当中，所以，在这样的情况下对毛发进行脱色会比较困难（图2.6）。

由于毛发的基础色就是黄色，在脱色完成之后，最后剩下的色素就是褐黑素。所以，将头发脱色为白金色是很困难的。

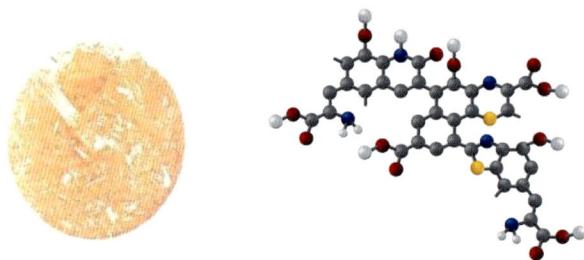

图 2.6　褐黑素

（2）黑色素的合成

黑色素是一种分子量很高的聚合物，不溶于水，是复杂化学反应下的产物。首先，脑下垂体分泌出色素激素，然后黑素细胞中的酪氨酸（氨基酸的一种）就会在酪氨酸酶的作用下发生氧化聚合反应，产生多巴（DOPA）和多巴醌（Dopaquinone），最后就形成了黑色素。

这些黑色素颗粒作为毛母细胞通过黑素细胞的突起部位被释放出来，在毛发角质化之前进入毛发内部。

黑色素的形成见图 2.7。

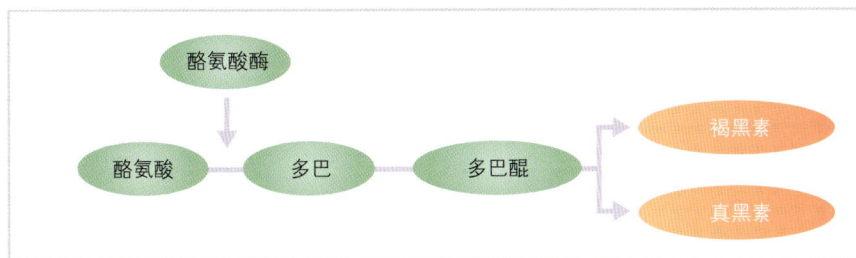

图 2.7　黑色素的形成

（3）黑色素的分布和作用

紫外线和太阳光线可以刺激色素激素和酶的活性，促进黑色素的产生。这也是为什么赤道地区或光照较强地区的人们毛发颜色显得较黑的原因。在夏季，身上黑痣或雀斑较多也是这个原因。为了保护皮肤和毛发不被紫外线伤害，真黑素就会分布到这些地方，这也是为什么赤道地区的人们患皮肤癌或皮肤疾病的概率比白人要低的原因。

之所以会生白发，主要是因为色素细胞被破坏了，或者是黑素细胞的机能变弱，不能正常产生黑色素的缘故。

4. 染发的色彩

1) 光与色

世界上的无数色彩都可以通过光来看到。有光才能区别颜色。光可以分为自然光线的太阳光和人工照明所产生的光线。

（1）太阳光

红色和绿色是没有色感的，所以也被称为无色光线，这些无色光是最强的光线。因为多种波长的光线混合在一起，所以显示出来的颜色为白色。

太阳光线可以分为可视光线、紫外线和红外线。可视光线是指可以感觉到色彩的光线，主要分为短波波长、中波波长和长波波长。紫外线能够使皮肤变黑，而红外线比起可视光线中的红色光线，波长更长，更加温暖，被称为热射线。在太阳光线中，可以清楚地看出毛发的色相。

（2）白炽灯

白炽灯是一种最接近太阳光线的人工照明设备，可以更好地反射出毛发和皮肤本来的颜色。

（3）荧光灯

荧光灯是家庭中使用最广泛的照明设备，其所发出的青幽幽的光线使头发的颜色显得有些苍白。

2）颜色的种类

颜色可以分为无彩色和有彩色。有彩色是指有色彩度的颜色，而无彩色指的是没有色彩度的颜色。

（1）无彩色

无彩色指的是没有色彩度的白色、黑色和灰色。根据物体表面反射光线量，可以区分颜色的明暗程度，这种明暗程度叫做明暗度。无彩色只能根据明暗度来辨别。

通过可视光线的光谱，可以看出无彩色的光线放射率是直线而不是曲线。白色对光的吸收程度很低，所以反射的量较大，为85%左右；而黑色可以吸收各种光线，光线反射量相对较少，大约为3%；灰色光线反射率为30%左右。所以，在无彩色之中，白色是最明亮的颜色，而黑色是最暗的颜色（图 2.8）。

图 2.8　无彩色

（2）有彩色

有彩色是指有色彩度的颜色，主要有红色、朱黄色、黄色、蓝色、绿色、紫色等除无彩色之外的所有颜色。

有彩色有三种属性：色相、明度、纯度，随着色感的变化，色彩也会变得忽明忽暗。

3）颜色三要素

色相、明度、纯度是构成颜色特征的三要素。即使是同样的颜色，也都是由这三个要素组合起来体现其鲜明、浑浊、明亮、阴暗度等颜色固有的特征与性质的。

（1）色相

色相是指从物体表面被反射的颜色波长的种类。将色相不同的原色按照光谱波长的顺序，以圆形排列起来，这叫做色相盘（图2.9）。在色相盘中，距离相近的颜色叫相似色，相距较远的颜色叫对比色，距离最远的颜色称为补充色。

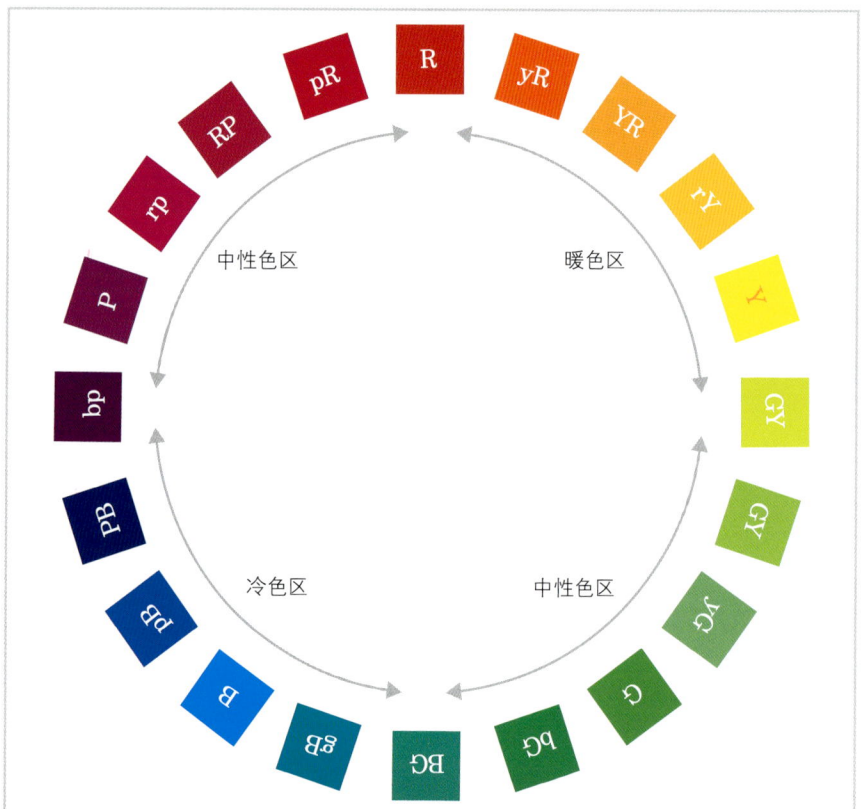

图 2.9　蒙代尔色相盘

　　颜色分为有彩色和无彩色。有彩色中包含着三原色，通过三原色可以形成多种多样的色相，而这些色相可以组成色相盘。

① 第一组颜色（三原色）

　　红、黄、蓝是最基本的三种颜色，不管掺入什么样的颜色，都不能调和出这三种颜色。

　　将这三种颜色混合的话，可以调和出多种其他的颜色，如果将其中的两种相混合的话，则可以产生出下面第二组的颜色。

② 第二组颜色

　　将第一组中的三原色中的两种，按 1∶1 的比例混合，可以做出以下颜色：朱黄色、草绿色和紫蓝色。

第一组颜色 ＋ 第一组颜色 ＝ 第二组颜色

第一组颜色 ＋ 第一组颜色 ＝ 第二组颜色

第一组颜色 ＋ 第一组颜色 ＝ 第二组颜色

③ 第三组颜色

第一组颜色和第二组颜色按照 1 : 1 的比例混合的话，可以产生出下面的颜色。

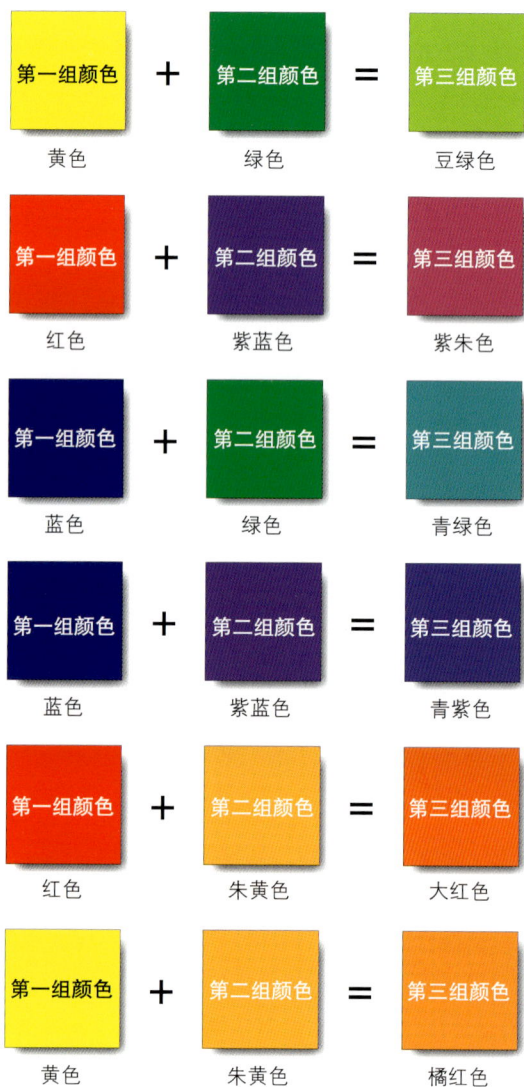

第一组颜色	+	第二组颜色	=	第三组颜色
黄色		绿色		豆绿色

第一组颜色	+	第二组颜色	=	第三组颜色
红色		紫蓝色		紫朱色

第一组颜色	+	第二组颜色	=	第三组颜色
蓝色		绿色		青绿色

第一组颜色	+	第二组颜色	=	第三组颜色
蓝色		紫蓝色		青紫色

第一组颜色	+	第二组颜色	=	第三组颜色
红色		朱黄色		大红色

第一组颜色	+	第二组颜色	=	第三组颜色
黄色		朱黄色		橘红色

④ 补充色

在色相盘中，遥遥相对的两种色就是补充色。补充色之间的对比非常鲜明，同时又很显眼。

补充色之间相互混合的话，可以调和出灰黑色。在染色的时候，利用补充色可以中和原来的颜色。这是因为补充色可以压制相互之间的色差。

例如，想要将头发脱色成银白色的话，在脱色的最后一个环节，就需要用非常少量的紫色去中和毛发中留下的黄色。

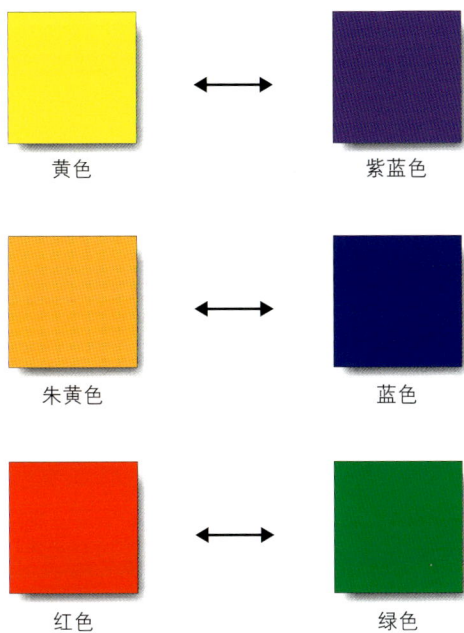

黄色 ⟷ 紫蓝色

朱黄色 ⟷ 蓝色

红色 ⟷ 绿色

（2）明度

颜色的明暗程度被称为明度。有彩色和无彩色都有明度。

明度是以无彩色为基准的，纯黑色的明度为 0，纯白色的明度为 10。在色相上如果加上白色的话，明度会提高；加上黑色的话，明度则会降低。

无彩色的量按照无彩色明度差异顺序排列形成灰度等级。根据等级表，纯白色或纯黑色是无法做出来的，只能用数字 1~10 或 0~9 来表示，无彩色的等级程度可以分为 3 个阶段：1~4 低明度，5~7 中明度，8~10 高明度。

低明度	中明度	高明度

1　　　　　　　　　　　5　　　　　　　　　　8　　　　　　　　　　10

（3）纯度

纯度是指色彩明暗的纯粹性和鲜明性。纯度最高的是三原色。

如果在纯度较高的原色当中掺入白色的话，明度虽然会提高很多，但是纯度却会降低。无彩色是纯度最低的颜色。

在原色当中掺入无彩色越多，纯度就会越低，鲜明度也会降低。色相中的无彩色的含量非常低的颜色，被叫做纯色，而无彩色含量很高的颜色被称为浊色。

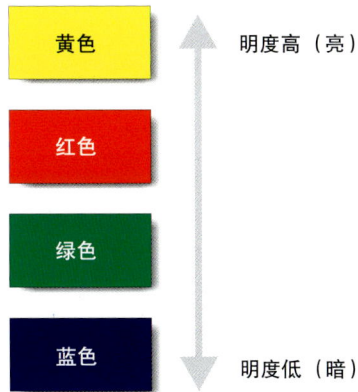

明度与纯度的关系见图 2.10。

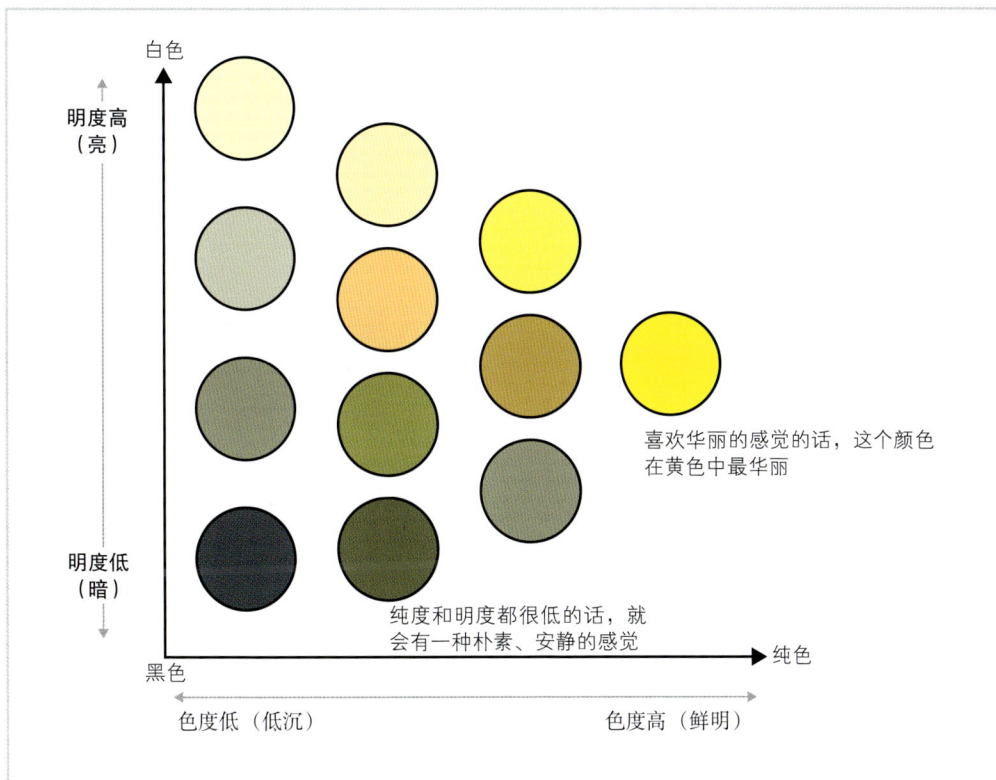

喜欢华丽的感觉的话，这个颜色
在黄色中最华丽

纯度和明度都很低的话，就
会有一种朴素、安静的感觉

图 2.10　明度与纯度的关系

4）颜色对比

　　大部分的物体与其说只有一种颜色，不如说与周围的颜色相互影响而存在着。

　　颜色对比是指受到周围其他颜色的影响，变得与原来的色相不相同的现象。

（1）明度对比

　　明度不同的几种颜色相互调和的时候，如果与较亮的颜色相调和，会变得更加明亮；如果跟较暗的颜色相互调和，会变得更加昏暗。

　　相互调和的颜色之间的明度差越大，明度对比就越明显。也就是说，将较亮的颜色放在暗颜色当中，亮颜色会显得更加明亮；同理，将较暗的颜色放在亮颜色当中，会显得更加暗淡。

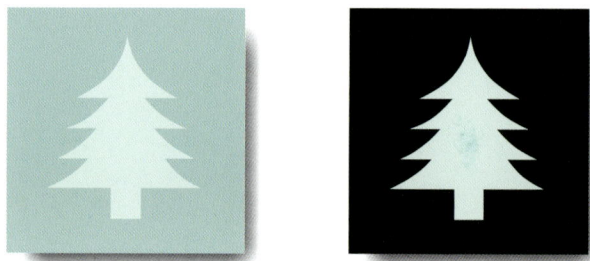

（2）纯度对比

　　当一个颜色的周围出现一个更加明亮的颜色时候，这个颜色的纯度会显得比实际上要低，这种现象被称为纯度对比。纯度的差异越大，色相对比效果就会越大。

　　当用原色和无彩色中的颜色调配同一种颜色的时候，虽然是调配同一种颜色，但是，与无彩色相比，原色调配出的颜色纯度更加高。

　　纯度对比在原色和无彩色之间更容易判断。

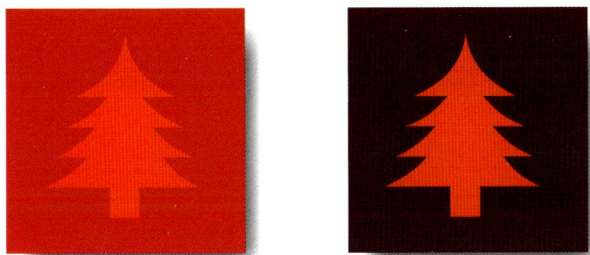

（3）补色对比

补色之间相互调和的时候，两种颜色之间会互相影响，使得对方的纯度和明度比本来的更高。这种现象被称为补色对比。

（4）面积对比

即使是相同的颜色，也会随着面积的大小，颜色的明度和纯度变得不同。面积较大的颜色明度和纯度会显得比实际要高，同样，面积较小的颜色明度和纯度会显得比实际要低。

5）颜色的温度感

颜色可以分为暖色和冷色。

（1）暖色

暖色指的是给人以温暖感觉的颜色，例如：有彩色中的黄色、朱黄色、红色等。

染色中的金色、铜色、红色、紫色等也属于暖色。

（2）冷色

冷色指的是给人以清冷感觉的颜色。青色系列颜色，就属于冷色。染色中的草绿色、灰色、紫蓝色、蓝色等就属于冷色。

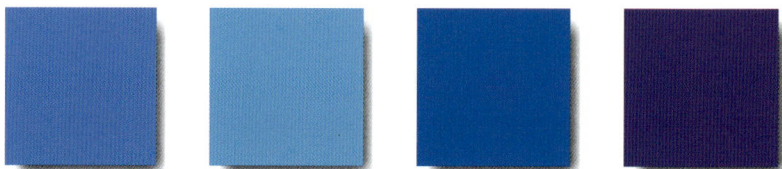

*

CHAPTER 03

染发剂的种类

染发剂的种类

　　染发剂是根据着色剂的种类来确定维持时间的长短的。着色剂分为颜料和染料。

　　颜料指的是不透明、渗透不到头发当中可以形成一层皮膜的着色剂，不溶于水、乙烷和油。主要用于彩色蜡笔、彩色喷雾器和彩色摩丝。染料能够溶化在水和油当中，从而渗透到纤维和毛发组织当中，与分子相结合后进行着色。一般用在碱性染发剂中。

1）按持续时间分类

　　根据染色后持续时间的长短可以分为暂时性染发剂、半永久性染发剂、准永久性和永久性染发剂。

（1）暂时性染发剂

　　暂时性地对头发进行染色，用洗发水就可以洗掉。因为着色剂颜料的粒子特别大，不能够渗透到毛皮层当中，只能停留在表皮。

　　暂时性染发剂可以用来隐藏白头发或用于舞台华丽的颜色装饰。主要成分有碱性亚蓝色和甲基紫。但是在毛发受损较严重的情况下，色素粒子容易通过受损部位进入到毛发中，这样的话，单纯的一次洗发是无法清除这些色素的。

① 适用范围
　　·想要制作艳丽发色的时候。
　　·想要掩盖白色毛发的时候。
　　·想要临时改变已染发色的时候。

② 种类

彩色喷雾、摩丝、定型发胶、彩棒、睫毛笔、一次性彩色洗发水。

(2) 半永久性染发剂

染色后持续的时间不会很长，为 2~4 周，每次洗发，色素粒子都会脱落一部分。由于只是使用了着色剂，并没有掺杂过氧化氢，所以这种染发方法也被称为直接着色。

因为不会引起头皮和皮肤的异常，所以不需要斑片试验。在不需要将毛发的颜色变得更加明亮，或者想要给毛发涂上多种颜色的时候，就可以使用这个方法。如果沾到皮肤上的话，不容易清洗掉，所以在涂抹的时候要注意。

① 适用范围

· 想要将毛发变得艳丽多样的时候。
· 想要使毛发变得暗淡或者想要遮掩 30% 以上白色头发的时候。
· 想要除去留在头发上的一些不想要的色调的时候。

② 特征

· 只有一个构成成分。
· 给毛发上色的时候需要进行热处理。

③ 种类

· 酸性染发剂（角质修护香发喷雾）。
· 蜡的颜色。

(3) 准永久性染发剂

用准永久性染发剂染色后持续的时间为 4~6 周。毛发的损伤程度越高，持续时间就会越短。使用第一剂量 pH 低下、第二剂量的过氧化氢的浓度也低的准永久性染发剂，既不容易渗透进毛发当中，去除皮肤表层黑色素的能力也比较弱，同时也不能使毛发变得明亮。因为含有苯二胺染料，所以一定要进行斑片试验。

① 适用范围
- 想让头发变得有光泽或者想改变头发色调的时候。
- 想让亮褪色处理的头发脱色后显得暗淡（无色素沉着）的时候。
- 遮盖 50% ~ 100% 的白发的时候。
- 使损伤严重的毛发变得暗淡的时候。

② 特征
- 经过多次洗发才能慢慢清除掉。
- 与新生毛发的界限不明显，而且显得很自然。

③ 种类
- 低碱低氧化染发剂。
- 中性染发剂。

(4) 永久性染发剂

染色后持续的时间虽然很长，但是，如果毛发损伤程度较高的话，随着时间的推移，颜色会慢慢褪掉。作为适用于所有的染色工作的染发剂，既能使毛发变得暗淡，也能使毛发变得很亮。因为永久染发剂里面含有氧化物，所以在使用之前一定要做皮肤反应测试。

① 适用范围
- 想要完全遮掩白头发的情况。

· 想要变更头发颜色的情况。

· 想要将发色变得明亮或暗淡的情况。

· 想要变更毛发色调的情况。

② 特征

· 容易引起皮肤过敏，使用前一定要做皮肤过敏测试。

· 头皮有伤或炎症的情况下，不要使用。

③ 种类

· 碱性氧化染发剂。

· 海娜粉。

· 金属性染发剂。

2）根据染发剂特性进行分类

（1）油性染发剂

油性染发剂主要包括暂时性染发剂。油性染发剂的制作，作为着色剂的颜料是必用品。另外，还要将油脂和黏合剂糅合在一起，制作成固体或液体的形式，然后再做成杆状、喷雾器、摩丝等样式，最后才会给头发染色。

（2）植物性染发剂

植物性染发剂指的是利用植物的花、果实等色素制作而成的染发剂。植物性染发剂有着悠久的历史，主要是利用红色系列的东西进行染色。现在，代表性的染发剂主要有海娜粉、甘菊花等。

（3）金属性染发剂

主要用于对白发的染色和将头发染成暗色的时候。使用这种染发剂之后，头发会硬邦邦的，没有光泽，很不自然。

混合有银的染发剂会使头发带有浅蓝的光泽；混合有铜的染发剂会使头发带有红色光泽；混合有钠的染发剂则会使头发带有紫色光泽。

烫发或染发的时候会发生化学反应，加重头发损伤的程度，从而使烫发和染发不能顺利进行。

（4）合成染发剂

合成染发剂是用有机合成的方法将染料制作成化学染发剂。根据其性质可分为酸性染料、碱性染料、氧化染料。

① 酸性染料

酸性染料指的是染料粒子中带有的酸基（$-SO_3H$，$-COOH$）与毛发中的氨基酸的氨基相结合后，附着在表皮层的染料。

在 pH 为 3 的酸性环境中，毛表皮会收缩，并且使毛发变得有光泽。如果皮肤上沾上的话，不容易去掉，但发色维持的时间却不会很长。

② 碱性染料

碱性染料指的是染料分子中的氨基（$-NH_2$）和毛发氨基酸中的酸基（$-COOH$）相结合后附着在头皮上的染料。

虽然价格低廉，着色能力也不错，但是，在阳光下会变得比较脆弱，目前几乎不再使用了，但是在色彩洗发水中仍使用。

③ 氧化染料

氧化染料指的是在对苯二胺和氨基酸的化合物中掺入氧化剂而使用的染料，可以去除皮肤表层中的黑色素。这种染料的发色原理是氧化聚合反应。氧化染料是最常用的一种染料，碱性氧化染发剂就是其中之一。

CHAPTER **04**

* **染色理论**

1. 碱性氧化染色

　　碱性氧化染发剂使用的范围相当广泛，也是最常用的一种染发剂。第一剂和第二剂都有很强的化学作用，所以在使用的时候，一定要仔细阅读注意事项。同时，在使用前一定要做皮肤过敏测试，如果是阳性反应的话，就不能使用这个染发剂。另外，头皮或皮肤上如果有感染或受伤的地方，也不要使用这个染发剂。

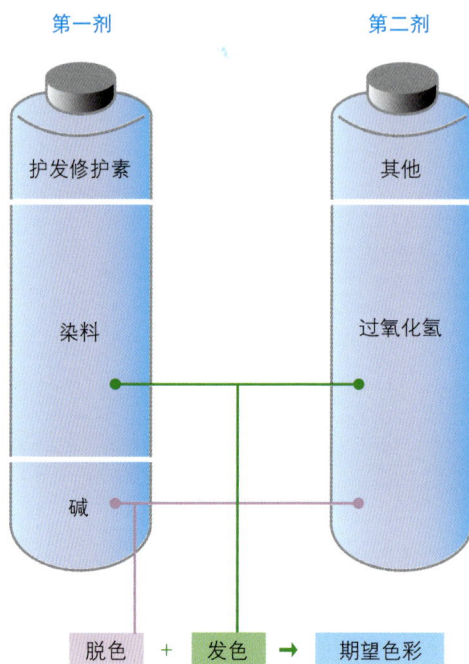

第一剂　　　　　　　　　第二剂

护发修护素　　　　　　　其他

染料　　　　　　　　　过氧化氢

碱

脱色　+　发色　→　期望色彩

1）成分

　　·第一剂：染料（无色），碱（pH9.5），护发修护素，界面活性剂。
　　·第二剂：过氧化氢（H_2O_2），氧化剂。

（1）第一剂

① 染料

是不会发生氧化反应的小型染料分子。与第二剂中过氧化氢的氧相结合，如果引起氧化聚合反应的话，粒子会变大。

在使用染料的时候，主要是将染料中间体和染料耦合剂一起混合使用。染料中间体主要通过对苯二胺（para-phenylene-diamine）、对氨基苯酚、对甲苯二胺等来体现其基本颜色的，即黑色。但是也有将其与间苯二酚、氨基酚、苯二胺、对苯二酚等染料耦合剂相混合，调和出多种多样的颜色来使用的。

染料中间体色素分子的体积较小，能够轻易地渗透进毛皮质当中，而染料耦合剂能够使颜色的浓度变高，也能够使色彩丰富。

对苯二胺容易引起过敏，一定要在染发之前做过敏反应测试。

染料	发色
对苯二胺（Para-phenylene-diamine）	黑色
对甲苯二胺（Para-toluene-diamine）	褐色
对氨基苯酚（Para-amino-phenole）	红色
氨基酚	黄褐色
元二羟基苯（Meta-dihydroxy-benzene）	灰色

② 碱剂

染发剂中碱剂的作用是膨润毛表皮，使染料更容易渗透进去，并且与过氧化氢（H_2O_2）发生化学反应，产生氧，促进色素的氧化。碱剂主要以氨、胺类、中性染发剂三种形式使用。

氨（Ammonia）

挥发性较强的碱性剂，有刺激性气味，密度比空气要低。在染发的过程中，硫氨酸会挥发掉，使得染发剂的 pH 降低，起到阻止过剩反应的作用。

胺类

主要是指在无味的染发剂中存在的碱剂。包含乙醇胺（monoethanolamine）、三乙醇胺（triethanolamine）、二羟乙基胺（diethanolamine）、异丙醇胺（isopropanolamine）等形式，在实际操作中主要使用的是乙醇胺（monoethanolamine）。

胺类挥发性较低，没有刺激性气味，毛发的亲油性和残留油脂的特性较高，所以容易发生过剩反应。由于在头皮和皮肤上容易残留油脂，所以在染发之后一定要清洗干净。

中性染发剂

包含碳酸氢铵、碳酸氢钠、磷酸氢铵等三种形式，其中的碳酸氢铵是最常用形式。作为一种低碱性染发剂，主要存在于低氧化低碱性染发剂当中。中性染发剂是一种结晶性较弱的染发剂，没有刺激性气味，与乙醇胺相结合后对皮肤的刺激也比较弱。pH 较低，对毛发的膨润性较弱也是其特点之一。

③ 界面活性剂

主要作用是提高染发剂的渗透性。

（2）第二剂

① 过氧化氢

过氧化氢是将氧分子添加进水分子中而制成的。随着氧含量的变化，过氧化氢的浓度也会不同。通过氨水可以将其分解为氧和水。这时候散发出来的氧气量被称为浓度（Vol）。20Vol 表示氧化 20 浓度的氧所得的量。

"%"表示的是在 100g 的溶液当中含有的过氧化氢的量。3% 的过氧化氢相当于 10Vol，所以会释放出 10Vol 的氧气量。

过氧化氢是一种无色液体，进行氧化作用，起着破坏毛皮质中的黑色素，使染料更加容易渗透的作用。

过氧化氢的浓度和作用

· 3%（10Vol）：用于给脱色毛发上色的时候。不能够用来脱色。

· 6%（20Vol）：想要将白发染成暗色的时候或染成相似发色的时候。可以用来脱色和着色。

· 9%（30Vol）：毛发质量提高在 1~2 阶段的时候。

· 12%（40Vol）：毛发质量提高在 3~4 阶段的时候。

过氧化氢的稀释

当过氧化氢的浓度过高的时候，可以用水稀释到低浓度后再使用。要使用电离水，不要使用存有碱性成分的自来水。稀释用水和现有的过氧化氢量的比例为 1:1。例如，10Vol 的过氧化氢需要用 20Vol 的过氧化氢和 20mL 的水来调制。

虽然不同制造商的不同产品中染发剂和过氧化氢的混合比例会有所不同，但是，如果混合比例超过 1:2 的话，会使得过氧化氢不稳定，颜色变得斑斑点点，也容易导致短时间内褪色。

过氧化氢的保管

在过氧化氢当中添加稳定剂（水杨酸、磷酸），可以防止其中氧的挥发，达到长久保存的目的。过氧化氢也会因此变为 pH 为 3~5 的软酸性物质。值得注意的是，不当的保管会使过氧化氢加速氧化。

· 放在阴暗的地方，避免阳光照射。

· 用过的过氧化氢不要放回容器中。

· 不要放在铝或铁等金属容器中。

· 不要沾到血液上。

· 不要放在火炉等带有火焰的物体边上。

· 使用后一定要盖上瓶塞。

2）毛发上色原理

毛发上色原理见图 4.1。

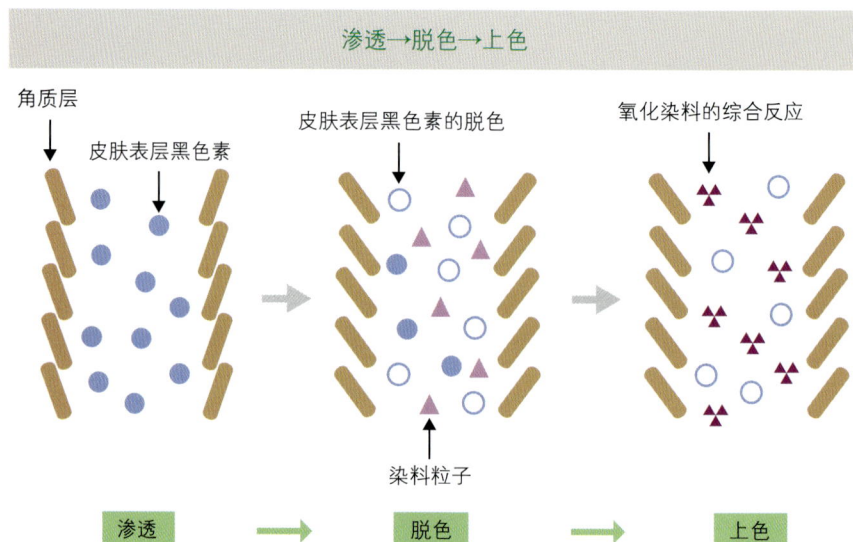

图 4.1　毛发上色原理

（1）渗透

碱性染发剂可以使毛表皮变得膨润，从而可以让色素粒子和过氧化氢渗透到毛表皮中。

（2）皮肤表层黑色素的脱色

过氧化氢受碱性染发剂的影响会分解为水和氧，这个过程可以使毛皮质内部的黑色素氧化，进而被破坏。

（3）上色

从过氧化氢中分解出来的氧跟染料色素发生氧化聚合反应后，将较小的色素分子制作成较大的类型之后，在毛皮质内部进行上色。因为是不溶性染料，所以不会从毛皮质内部流出来。

3）染发剂的作用时间

涂抹染发剂之后，皮肤表层黑色素会得到脱色处理，然后在黑色素的位置对人工色素按照设定的大小进行上色和着色。这个过程将耗时（30±5）分钟。

染料受到高温的影响，化学反应有可能会更加强烈。虽然加热可以使染色的时间变短，但是加热使得毛发内部的染料分子发生化学反应之前，毛发表面的染料会首先发生化学反应，给人以染色完成的假象。出现这样的情况时，每次洗发的时候，没有发生聚合反应的染料分子会慢慢地流出，从而导致快速脱色。

温度不合适的话，比如说冷的时候，染料分子较小，虽然可以渗透到毛发内部，但是染发的时间会延长，最终导致染发效果不理想。所以，理发店的温度要保持在 23～25℃之间，加热器的温度要控制在 50℃以内，放置时间为上述时间的一半（图 4.2）。

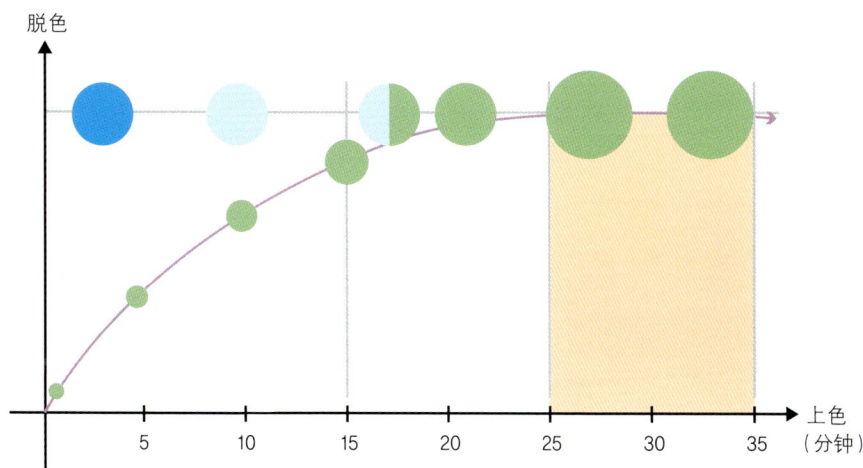

图 4.2　脱色和上色的作用时间

4）适用范围

·使头发变得暗淡一些的时候。

·使头发变得亮一些的时候。

·变更毛发颜色的时候（色调变更）。

100% 适用于白发。

5）洗发水

使用碱性氧化染色剂进行染色之前不要使用洗发水。

因为皮脂膜对头皮起着保护作用，所以对头皮的刺激会使头皮变得敏感，容易引起头皮过敏。

染发后一定要用洗发水洗发。

洗发水的作用是使染发剂不再发生作用，以及使毛发不再褪色。如果头皮受到染发剂的刺激较为强烈的话，不要做剧烈的按摩。

乳液清洗（emulsion）过程。

在用洗发水洗发前，要将头发充分浸湿，然后利用染发剂自身的界面活性剂充分揉搓。这样的话，沾在头皮上的染发剂色素就会被洗掉了。反复地清洗 2 ~ 3 次后，使用染发专用洗发液进行彻底的清洗。

6）颜色的选定

制造商制作的颜色一览表中虽然列举了各种各样的颜色，但是，这些样品都是涂在白色尼龙上的实际色相。毛发的基本色是多样的，在颜色选择的时候要谨慎。

一般来说，染发剂的色相是用数字来表示的，例如 7.3 或 7G。前面的数字表示明度，后面的阿拉伯数字和字母表示色相。

（1）明度（Depth）

明度指的是颜色的明暗程度。毛发的明度从暗到明一般可以分为 1~10 个阶段。1 表示最暗，10 表示最亮。

东方人毛发一般为 3~5，男性比女性的毛发明度要暗，其明度一般为 2。而西方人的毛发明度比东方人的要亮很多，一般为 6~7。在染发前要掌握客人毛发的明度为多少，这一点很重要。

号码	亮度
10	亮度最高的黄金色
9	非常亮的黄金色
8	较亮的黄金色
7	中间亮度的黄金色
6	暗金色
5	较亮的褐色
4	中间亮度的褐色
3	暗褐色
2	非常暗的褐色
1	黑色

（2）色相

色相是指实际能够用眼睛看到的颜色。在染色中，这种颜色又被称为反射光。反射光是指当光线照到头发上的时候，能够被我们感知到的色相。正是因为反射光，才有了多种多样的毛发颜色。反射光线大体上可以分为暖色和冷色。一般在表示亮度的数值后面用阿拉伯数字或字母来表示。

01	自然色
1	绿色光　灰色
2	紫色光　灰色
3	金色（blond）
4	铜色光（cuper）
5	红色光，红木
6	紫红色光，淡紫色光

根据制造商的不同，数字和名称也会有所不同。

　　根据色相，色调可以用两个数字来表示，前面的数字表示主要反射光，而后面的数字表示第二次反射光。在同一个系列的色调中，虽然由浅色调可以转变为深色调，但是由深色调转变为浅色调是很难的。这就像在明亮的图画纸上作画一样，可以用多种颜色来作画，而用浅颜色在深颜色的图画纸上作画是不可能的。

　　想要在反射光比较浓的颜色上用浅色调的话，要用洗发护发素对基础色矫正之后进行染色，这样才能染出想要的色调。例如，虽然可以把黄金色染成红色，但是，想要把红色转变为黄色的话，就需要用清洁用品清洁之后再染色，不然的话，红色还会残留下来，将黄色遮掩住。

　　与染发剂混合使用的时候，如果将同一个色相的染发剂混在一起，会使色相变得更加鲜明。但是，如果将冷色调和暖色调相混合的话，颜色会变得浑浊不清，不能够再使用。

（3）混合色调

　　在只有色调没有明度的情况下进行染色时，经常会与染发剂一起混合使用。这时候的混合比例为30%，根据喜欢色调的明度来控制好主色调和第二剂的混合比率。

混合色调主要用在对毛发的色相进一步强调的情况下。如果想要得到更好的色感，在对毛发脱色后再进行效果会更佳。但是，值得注意的是，每次洗发的时候，色素都会很容易地流出来。

（4）选择染发剂色相的方法

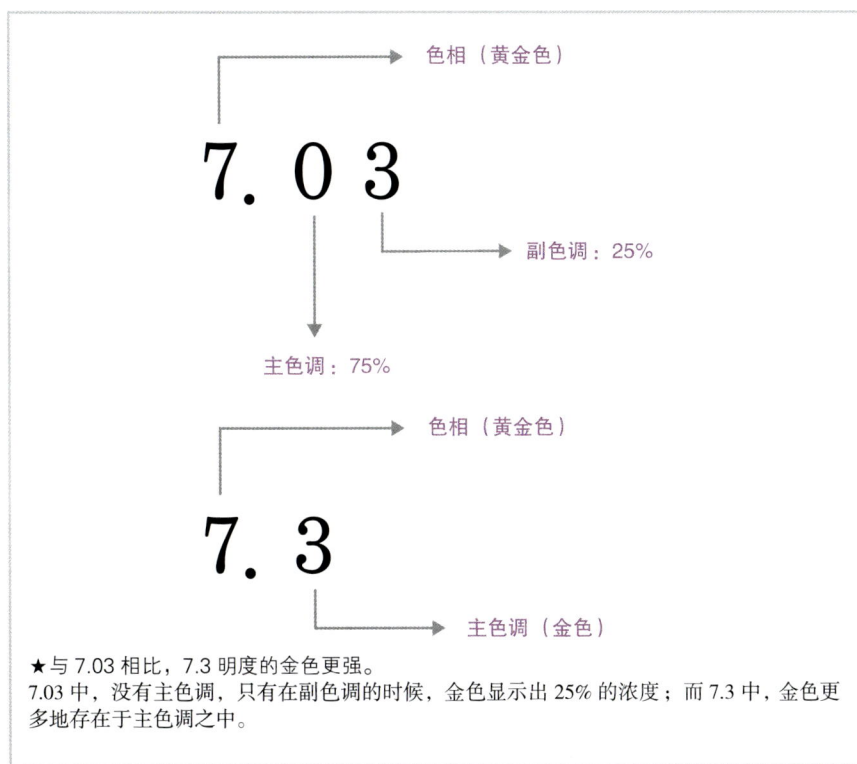

色相（黄金色）

7.03

副色调：25%

主色调：75%

色相（黄金色）

7.3

主色调（金色）

★与 7.03 相比，7.3 明度的金色更强。
7.03 中，没有主色调，只有在副色调的时候，金色显示出 25% 的浓度；而 7.3 中，金色更多地存在于主色调之中。

（5）染发剂质量的选择

染发剂从明度较亮的到明度较暗的，适用于各种毛发的型号都有。一般来说，染发剂第一剂的成分是由碱、染料、护发修护素组成的，其中，根据碱的含量，毛发的脱色能力也会渐渐变高，这样就可以使毛发变得更加鲜亮。明度越高的染发剂，碱含量就越高。

但是，碱含量高的同时，染料的含量也高的话，明度反而不会提高。染发剂的明度是由碱性剂和染料之间的平衡决定的。

低明度的染发剂　　　　　　　高明度的染发剂

护发修护素　　　　　　　　　护发修护素

染料　　　　　　　　　　　　染料

碱　　　　　　　　　　　　　碱

所以，在给顾客挑选适用的染发剂时，也要在事前掌握好顾客毛发的情况，挑选一个能够符合顾客要求的染发剂。例如，基础发色为6度的女性顾客想要染成7度的黄金色，那么就可以给顾客挑选一个7度或8度的染发剂，这样就可以符合顾客的要求了。此时，根据顾客毛发的粗度和健康程度，可以有1~2度的差异。

但是，基础发色为4度的情况下，只有选择10度的染发剂，才会染出7度的金色发色。因为染发剂中含有的碱性剂越高，才能更有利于将头发表层的黑色素去掉，使得基础发色更加鲜亮，最终才能得到自己想要的颜色。

$$期望的明度 = \frac{原毛发明度 + 适用颜色明度}{2} \pm 1 明度 （发质的状态）$$

2. 脱色

脱色一般与脱染一起混合使用。其中，脱色指的是将毛发中的黑色素去掉，通过化学作用使得黑色素发生氧化反应。而脱染指的是将毛发中的人工色素去掉的工序，也称为染发。虽然脱色剂可以轻易地将黑色素去掉，但是想要将染发剂中的人工色素去掉是很困难的。

毛发表层黑色素中显示为黑色或褐色的黑色素，粒子体积较大，容易聚集，也容易发生氧化反应，所以脱色也比较容易进行。但是，嗜黑色素的粒子较小，分散在皮质层中，所以很难被去除。

脱色完成之后，想要涂上其他颜色的时候，需要首先将毛发的基础色去掉，然后再选择较为合适的颜色。因为，如果脱色过重，会使毛发损伤严重，变得疏松多孔，导致色素粒子不能够安稳地存在于毛发中，颜色容易脱落。

1）成分

（1）过氧化物

·主要成分为过硫酸钠、过硫酸钾、过硫酸铵、过氧化锰、过氧化钡等。

·能够发生强烈的氧化反应，使毛发顺利脱色，但是容易造成毛发损伤。

（2）碱性剂

·硫酸铵、乙醇胺。

·使毛表皮软化膨胀，使氧化剂能够渗透进毛皮质中。

·氧化剂进行氧化反应产生氧，能够促进细胞的分裂。

· 调节脱色剂的 pH

（3）氧化剂

· 过氧化氢。
· 分解皮肤表层黑色素，使毛发变得鲜亮。
· 弱化毛发角蛋白。
· 受碱性剂的影响后，促使氧的产生。

过氧化氢的浓度

过氧化氢的浓度越高，氧的散发量就越多，也能够使毛发的明度进一步提高。

过氧化氢的量	散发氧的量	适用范围
3%	10Vol	· 受损毛发，受损严重毛发 · 只有上色能力，褪色能力很弱 · 焗黑发，染白发，护发染
6%	20Vol	· 所有毛发 · 拥有合适的上色能力和脱色能力 · 焗黑发，提升亮度（1～2度），染白发，护发染
9%	30Vol	· 健康毛发，普通毛发 · 上色能力较弱，脱色能力较好 · 提升亮度（3～4度） · 缩短染发时间
12%	40Vol	· 健康毛发 · 可以提升亮度，却不能变暗 · 缩短染发时间

2）原理

碱性剂使毛表皮张开。碱会使渗透到毛皮质内部的过氧化氢分解开来，散发出来的氧会使黑色素产生氧化反应，形成一种氧化黑色素的环境。

一般来说，第二剂量中的过氧化氢是与香粉相混合使用的。这种香粉是一种效果极强的碱性剂，能够快速分解过氧化氢，从而产生氧。

脱色原理见图 4.3。

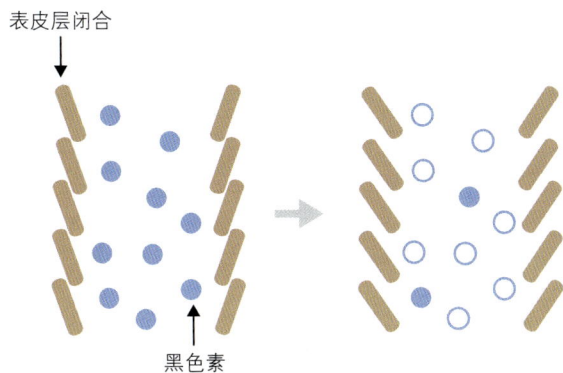

表皮层闭合

黑色素

图 4.3　脱色原理

3）种类

脱色剂分为香粉类、膏类、油类等三类。目前使用的主要脱色剂种类是粉剂和膏剂。

（1）粉剂

·是一种使用最多的、效果最好的漂白剂。

·反应较为强烈，对头发的损伤也大。

·将粉剂和氧化剂混合使用。

·添加蓝色色素的脱色剂能够将毛发中滞留的红色色素去除掉。

（2）膏剂

·第一剂为膏剂。

·一般也被称为头发"亮肤霜"。

·色素含量很低，需要将毛发的亮度提高 10 度以上时使用。

4）脱色剂的使用

脱色剂分为粉剂、膏剂、油剂。目前，韩国使用最多的是粉剂。

（1）混合使用

·首先要区分第一剂和第二剂。然后将第一剂的粉类脱色剂和第二剂的过氧化氢混合使用。

·根据制造商的不同，配合比率也会有所差异，但是一般情况下都是以 1∶3 的比例混合，跟蛋黄酱的浓度差不多即可。

·不仅能够快速地脱色，而且还可以形成明度较高的发色。想要一次性就能够拥有 3 度以上明亮发色的话，需要使用高浓度的过氧化氢，而不需要增加粉类脱色剂的量。

·蓝色系列的色相是为了去除毛发中残留的红色而掺杂的色素。

（2）脱色条件

① 温度

头皮温度和室内温度都较高的时候，能够快速脱色。所以，靠近头皮的部分脱色速度比较快，这一点应该注意。

② 脱色剂的涂抹量

涂抹脱色剂的时候，控制好涂抹量是非常重要的。如果涂抹得太薄，毛发容易干燥，而通过氧化反应产生的氧和硫酸铵容易挥发，使得脱色不能够顺利进行。

脱色剂的涂抹量太多的话，能够使得脱色速度过快，所以，要均匀地涂抹。在热量较高的头皮部分和脱色较快的毛发部分可以少涂一点儿脱色剂。

③ 毛发的质量

自然毛发的色相越暗淡，脱色时间越长。明亮的毛发脱色时间相对较短。

毛发越粗越健康，越不容易脱色；毛发的损伤度越高，毛发越细，越容易脱色。

④ 氧化剂浓度

脱色剂的效果会根据氧化剂的浓度不同（3%、6%、9%、12%等）而不同。浓度越高占有的比例越大，越容易脱色。

氧化剂和粉类脱色剂相混合的情况，如果按照制造商提供的比例相混合的话，效果会更好。如果脱色剂的浆液太稀，会使脱色剂的效果下降。

⑤ 脱色次数和时间

第一次涂抹脱色剂后的 6 分钟内，脱色的效果最好。涂抹脱色剂后的 30 分钟内都可以不去处理，超过这个时间的话，氧化反应将不再进行，所以需要清洗掉后再次涂抹。这样反复脱色的次数越多，头发的亮度会越来越高。

5) 使用方法

· 20Vol 的脱色剂涂抹后，效果一般会维持 30 分钟，之后就会停止。想要获得理想中的发色，每 5 分钟就需要检查一下色相，30 分钟过后，脱色剂中的碱性成分就会对毛发造成损伤，需要清洗干净。

· 如果想要使毛发的颜色更加明亮，需要在清洗干净毛发并干燥后，再次涂抹脱色剂，放置 30 分钟后再次清洗干净，干燥后再次涂抹脱色剂。这样的过程需要反复 2 ~ 3 次，到出现自己想要的色相为止。

· 由于脱色剂一经混合，氧化就已经开始了，所以在每次使用的时候，只需要准备每次要涂抹的量就可以了，剩下的不要混合使用。

· 由于头部各个部分的温度各不相同，所以在涂抹脱色剂的时候要从温度较低的部分开始。如果在脱色的过程中，最先涂抹的部分出现了色差（与后涂抹部分相比，变色过快），就需用喷雾器喷湿后，用手巾擦拭干净。

6) 自然毛发的脱色程序

毛发中的黑色素是由蓝色系列中的色素和红色系列中的色素组成的。蓝色系列中的色素粒子较小，容易被去除，但是，红色系列中的色素却不容易去除掉。

每次毛发脱色的程序是：首先是蓝色系列的色素被去除，并逐渐变为红色，最后只剩下黄色系列的色素。所以，很难表现出冷色调中的蓝色、紫蓝色、草绿色。所以，要想表现出这样的色调，就需要将毛发的原色最大限度地脱色，才能够表现出色相。

脱色后，若想要有一个新的颜色，需要将体现原色的颜色最大限度地进行脱色，然后才能进行染色，这样做出来的颜色才更加鲜明和确切。

色调	期望的颜色	毛发原色水平
暖色调	金色	8~9
	铜色	6~7
	红色	5~6
冷色调	灰色	10
	紫色、蓝色	与目标色不符的

自然毛发和脱色水准见图 4.4。

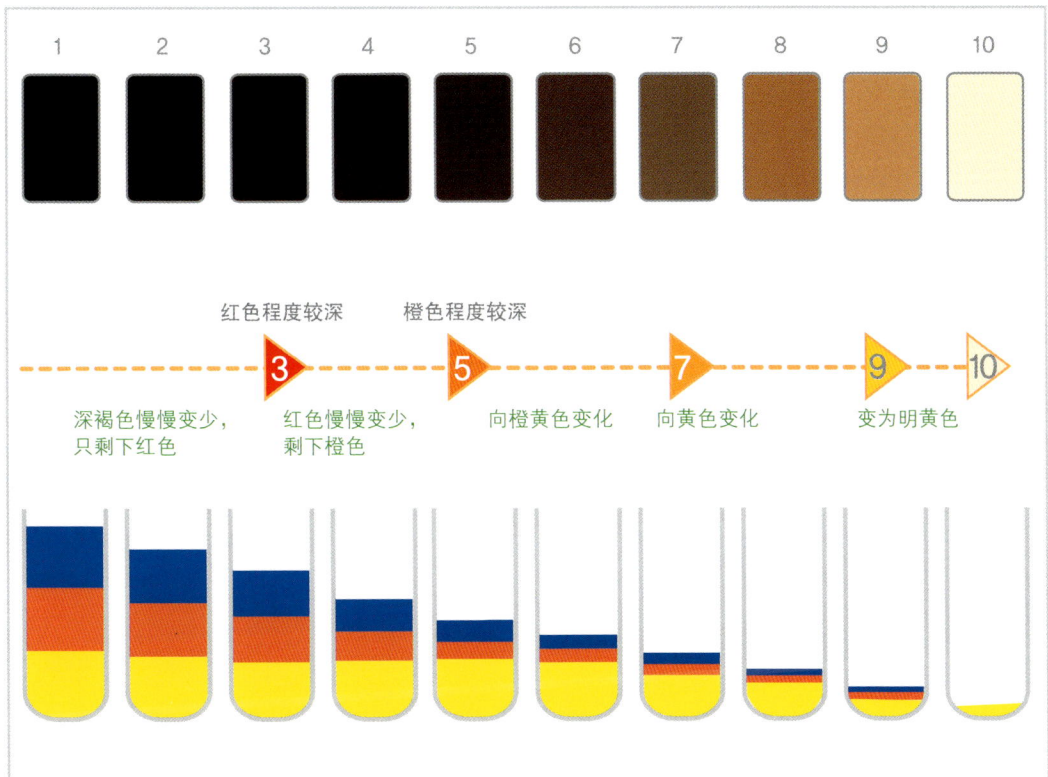

图 4.4　自然毛发和脱色水准

3. 低碱性低氧化染色

随着希望拥有健康毛发的顾客增多，对毛发低刺激低损害的染发剂越来越受欢迎。这样的低碱性低氧化染色剂可以使毛发的反射色调自然而然地产生变化。

1）成分

（1）第一剂
① 染料
· 硝基氨基酚：红色。

· 硝基苯二胺：黄色。

· 四氨基蒽醌：蓝色。

② 碱性剂
虽然可以使用硫酸铵、乙醇胺系列的染色剂，但是只能使用 pH 为 4.5 ~ 5.5 的碱性剂。

（2）第二剂
· 使用 3% 的过氧化氢。

2）上色原理

· 第一剂中碱性剂的 pH 较低，膨润毛表皮的能力较弱，导致了其渗透进毛表皮层的能力以及去除黑色素的能力都较弱，所以只能作用于皮质层部分。所以，第一剂不能使毛发变得更加明亮，只能让头发变得更加黯淡或者仅仅改变毛发的色调。

·第二剂中过氧化氢的浓度为3%。第一剂中碱性剂的强度较弱，所以氧化聚合反应也不会很激烈。

·这些色素只作用于毛皮质的外层部分，每次洗发的时候这些色素都会慢慢地脱落，并不是永久性地染色。

·虽然与碱性氧化染发剂相比，刺激较小，但是在使用前一定要做碱反应测试。

上色原理见图4.5。

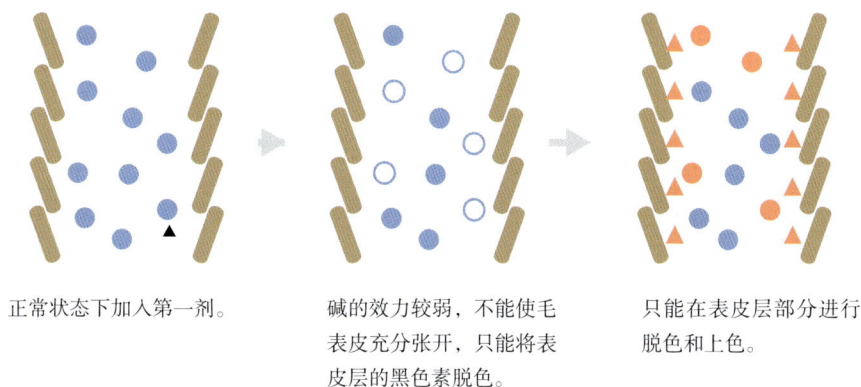

| 正常状态下加入第一剂。 | 碱的效力较弱，不能使毛表皮充分张开，只能将表皮层的黑色素脱色。 | 只能在表皮层部分进行脱色和上色。 |

图4.5　上色原理

3）特征

·低碱低氧化染发剂是一种碱性剂和氧化剂浓度都比较低的染发剂，所以会使得毛表皮不能充分张开，脱色也无法顺利进行。

·在降低损伤程度较高的毛发色相等级的时候或者对过度褪色的毛发染色的时候，可以作为染色剂来使用。

·在对白发进行染色，或者只改变毛发的色调而不改变毛发质量等级的时候可以使用。

·因为是半永久性染发剂，所以每次洗发后染发剂都会有所脱落。所以，在脱色的时候，与新生的毛发并无明显的区别，随着时间的推移，毛发的颜色会变得很自然。

4. 酸性染发剂

酸性染发剂是一种没有氧化剂，只由第一剂的染料构成的半永久性染发剂，可以分为毛发涂层剂、染发油、直接着色剂等多种。这种染发剂可以表现多种多样的原色，所以，一定要在对色彩原理和理论有深刻理解的基础上使用。

1）上色原理

毛发的角蛋白氨基酸使氨基和羧基在多肽链中结合。氨基作为阳性粒子，具有可以跟酸和碱发生反应的特性。在此添加染料的话，碱性染料会在羧基部分与之结合，酸性染料则会在氨基部分与之结合，分别进行染色。

这个染料的粒子个体比较大，不能渗透到表皮层里面，只能在毛发的表面进行着色。

毛发的健康状态环境下，pH 为 4.5 ~ 5.5，毛发所具有的蛋白质等电点 pH 为 3.67。在 pH 为 3.67 的环境中，将带有正负离子的酸性染料涂抹在头发上，通过其中离子之间的结合来给头发上色。

如果毛发损伤程度较高的话，其中的负离子会减少，正离子会增多，这就会造成染色无法正常进行。所以，在染色前，一定要做酸性处理，使头发中的正负离子趋于平衡（图4.6）。

2）特征

·带有弱酸性，没有氧化剂，只能成为第一剂的染发剂。

·不能够使毛表皮变得膨润，但可以在毛发的表层形成一层膜，起到使头发油润的作用。

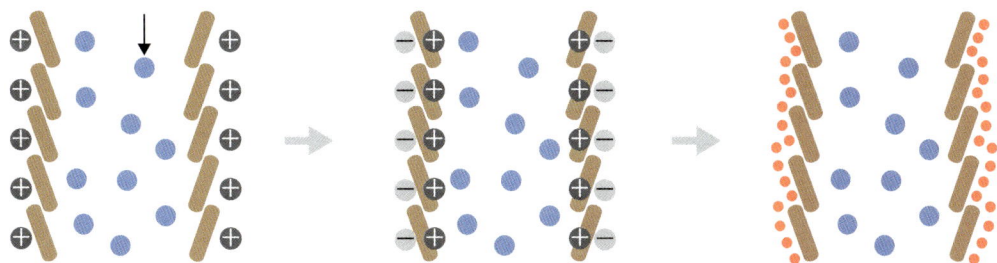

毛发处于弱酸性环境时，会带有"+"离子。

涂抹带有"–"离子的酸性染料，使其发生离子之间的结合。
这个染料的粒子个体较大，只能在表层进行染色。

只能在毛发的表面进行染色。

图 4.6　酸性染发剂上色原理

· 能够使头发显现出多种原色。

· 不会受限于头皮热度和头发长度，能够快速涂抹。

· 在想要使头发呈现出多种鲜明原色的时候，对头发进行脱色后使用。

· 每次洗发的时候都会有少许脱落，蒸桑拿或游泳的时候要注意。

· 染发后的 2～4 周之后，颜色会自然而然地脱落。

· 长时间反复使用此产品的话，会使头发变得僵硬，同时，由于表面覆盖着一层膜，导致烫发或者做碱性氧化染色的时候不能顺利进行。

· 染色剂如果沾到皮肤上，不容易被清洗掉，使用的时候应注意。

· 此染发剂不会使皮肤发生过敏现象，所以不需要做过敏测试。

3）使用方法

· 清洗头发，将头发吹干后，再涂抹。如果头发上水分过多的话，会使色相不明显，同时水还会将色素的 pH 浓度稀释，染色效果降低。所以在使用前，一定要将头发上的水分擦干净。

· 干发或湿发都可以使用，要根据制造商的说明来使用。

· 想要提高头发的着色效果或者亮度的话，在涂抹染发剂之后，要戴着塑料帽做 20 分钟左右的热处理，然后用凉毛巾擦拭 10 分钟左右即可。

5. 海娜染色剂

1）成分

海娜树（学名：*Lawsonia inermis* L），原产地埃及，生长在巴基斯坦、印度、尼泊尔等地，喜高温、干燥。树高 2 ~ 3m，属热带性灌木。采下这种植物的叶子晒干后磨成的绿色粉末，便是海娜粉（henna）。

2）特征

（1）对皮肤及头皮有杀菌作用

· 自然氧化过程中产生的氧气具有杀菌作用。

· 很久以前，人们就用海娜树的叶子来染发或者文身，用海娜花作香水原料。另外，因其具有杀菌作用，所以它也可以用作治疗皮肤病等疾病的药材。

· 根据印度传统医学典籍——《阿育吠陀》记载，海娜从几千年前就开始被作为皮肤病预防、止血、脓疮、烧伤、跌打损伤、防腐剂、皮肤炎等的药材而广泛使用。

· 海娜叶子含有的主要成分指甲花染料（lawsonia），可以用作毛发的角蛋白成分染发。

· 赋予毛发光泽，具有抗菌、杀菌作用，将头皮分泌的废物排出，具有改善头皮疾病（斑疹、瘙痒症、头皮屑等），降低体温的作用。

（2）修护护发素

·海娜粉是一种绿褐色粉末，掺水搅拌调匀成黏土状后即可使用。

·海娜作为一种纯天然植物材料，含有鞣酸成分，可以使毛发硬挺，并给毛发提供营养。可以使蓬乱的头发变整齐，使过细的毛发变粗壮，从而全力打造自然柔顺的发型。

（3）皮肤文身效果

·对皮肤进行文身时需要用暗褐色染色，过大约 1 周时间，染色痕迹便可消失。

·在印度，人们把文身叫做曼海蒂（mehndi），最早女性们用它在手上或者脚上文身。到了 20 世纪 90 年代后半期，使用海娜粉文身在西欧开始成为一种时尚，最近也在韩国年轻人中流行开来。

3）使用对象

·想将少白头或白发变回自然色调时。

·担心因为频繁烫发或脱色等而引起毛发损伤时。

·头皮脆弱或因化学染色剂引起过敏反应而难以染色时。

·怀孕等其他原因而难以进行化学染色时（但是，化学海娜不能使用）。

·发尾分叉或者毛发没有光泽、毛发粗糙等情况时。

·洗发时，掉发严重或担心脱发等情况时。

·因担心毛发太细、脆弱易断而想让毛发看起来比较浓密时。

·每次染发时出现眼睛火辣症状或者因刺激性气味而难以忍受时。

·因头皮屑过多而难以染色时。

·想让毛发保持健康和长久光泽时。

4）使用时间及使用量

（1）使用时间
- ·纯天然海娜粉、香草：1~3 小时（1 小时以上才会上色）。
- ·靛蓝：1 小时。
- ·化学作用：25~40 分钟。

（2）使用量
- ·少白头：30~40g（部分头发染色）。
- ·短发：50~70g（半包左右）。
- ·长发：100g。

5）海娜的涂法

（1）毛发染色（包括修护护发素功能）
使用时一般分为两种方法：一是仅使用海娜粉对黑色自然毛发进行染色；二是对自然毛发进行脱色后再进行染色。

白发染色
- ·白发专用。
- ·由于白发的程度不同，色相或者调配比例等也不同。
- ·天然海娜粉，有深褐色、靛蓝褐色、皇家蓝、黑褐色、黑色、中褐色等。

（2）修护护发素（希望染自然色时）

使用纯天然海娜粉后，希望得到更加多样的色彩并更快上色时，应该使用化学海娜粉（化学海娜粉的护发修护功能和天然界海娜粉的没有差别）。

　脱色后用海娜粉进行染色时，由于脱色造成的毛发损伤，可以通过海娜的覆膜作用覆盖毛发损伤部分，从而使毛发保持健康而有光泽（这比一般化学染发剂更能减轻毛发损伤程度，同时可以修护毛发，获得想要的色彩）。

（3）调配方法

将海娜粉末和温热的纯净水（40～50℃）按照海娜粉和水 1∶3 的比例调匀。调配过程中应避免将水一次性倒入容器，而应该适度适量地倒入。

① 将天然海娜粉系列的纯天然植物染发剂、香草等在水里调匀后，放置 20～30 分钟后使用效果更佳。

　＊天然海娜粉系列在水里调匀后用保鲜膜或盖子封好后，放到常温下使之发酵。这样使用能更好地上色。

② 靛蓝海娜系列的褐色、蓝紫色、红褐色（桃花心木）、柠檬黄色等颜色在水中调匀后可以立即使用。

③ 化学海娜粉系列在水中调匀后便可立即使用。

使用添加剂时染色剂的柔软度被强化，有色彩的海娜粉也会难以上色。因此，不要为了显得好看而加入添加剂。

(4) 用法

① 用无油性洗发水洗发后，将头发擦拭吹干（保留 15%～20% 水分）。

② 将海娜粉和水调匀后，充分均匀地涂抹在毛发上。

· 开始不要试图一下子完全涂抹，而应该有层次地将头发分开涂抹，之后，将剩下的海娜整体涂抹，使之与头发黏合紧贴。

③ 涂抹顺序：刘海儿→左右两边的头发→后面的头发。

④ 戴上塑料帽进行热处理。也可以自然放置，但是需要的时间较长。

· 若使用天然海娜粉（透明）需将其加热 30 分钟后再自然放置 10 分钟左右，整个过程不能超过 1 小时。

· 若使用化学海娜（有色海娜）需加热 10～20 分钟，自然放置 10～20 分钟，但是要注意如果超过 30 分钟的话，毛发会降为黑色。

⑤ 将毛发用清水洗干净后，用弱酸性洗发水清洗，再用修护护发素进行护理，2～3 天后再次清洗。

使用后头发上残留多余的海娜粉，若停留 3 天左右，会在头发上发生反应，所以使用者可能会感觉头发比较僵硬。特别是第一次使用或者头发已经损伤较重的情况反应更为明显。这时，最好不要用洗发水洗发。

开始感觉头发比较僵硬，但是 2～3 天后，用温热的水清洗头发之后，多余的海娜粉便会慢慢脱落，只有适量的海娜存留在头发上，这时开始显现出海娜的光泽。僵硬感是为了给头发提供营养，这便是海娜粉的独到之处。

（5）染色顺序

1. 将海娜粉放入温热的水中，调成蛋黄酱状（若调暗色时，可以适量添加一些咖啡粉）。

2. 毛发没有变亮，所以和热度无关，即可从刘海儿处开始涂抹。

洗发后擦拭吹干

3. 往头发上均匀涂抹，使之紧贴。

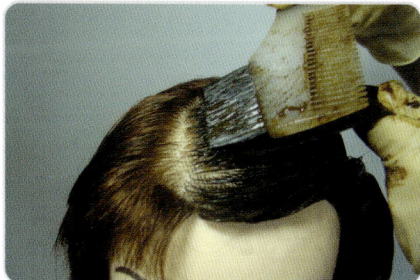

4. 按照刘海儿、两侧头发、后面头发的顺序进行涂抹。

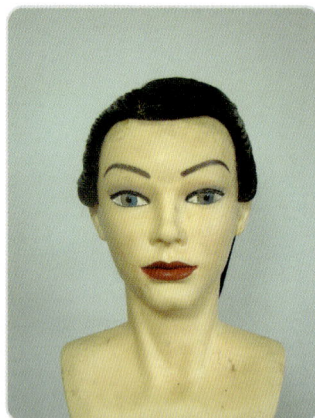

5. 涂抹之后，套上帽子进行 30 分钟的热处理，自然放置 10 分钟后，清洗头发。

（6）不能使用化学海娜粉染色的情况

·使用海娜粉之前使用含油性的洗发水或者护发素的情况时。

·使用海娜粉之前使用洗护二合一洗发水的情况时。

　＊以上情况适用于用不含油分的洗发水等洗头发后使用海娜粉时。

·水中调匀放置很长时间后使用时。

·使用海娜粉之前在美发店等地方染过色，应该至少等 2～4 周之后再使用海娜粉。

·用后剩余的海娜粉暴露在空气中放置后再使用时。

　＊根据个人毛发的色彩、状态和海娜粉染色方法、比例不同，会有一定的色差。

6）使用海娜粉时的注意事项

·使用化学海娜粉时（和天然系列的染发剂无关），首先要进行斑片试验，看是否适合自己的皮肤。

·使用天然海娜粉时，20 分钟后检查其颜色。放置得越久，颜色越暗。

·使用化学海娜粉时，毛发的颜色如果很暗，只有经过脱色才能得到想要的颜色。

·因为使用海娜粉之后再烫发的话，烫发效果不明显，所以应在染发大约一个月过后再进行烫发。

·用后剩余的海娜粉密封后，在避免直射光线和潮湿的条件下，将其放置在阴凉干燥处保管，可以保持长达一年的有效期。

·使用海娜粉经过 48 小时后，就可以感觉到毛发的光泽和柔顺。

·如果连续使用海娜粉，毛发会变得僵硬，形成皮膜，就会难以进行烫发或染发等造型设计。

6. 染色准备

1) 商谈

商谈是染发最重要的阶段。即使使用高品质的产品、最好的技术为顾客提供最好的服务，如果顾客表示不满意的话，就是一次失败的造型设计。为了达到最好的染色效果，应该注意以下事项。

·经常在顾客卡上记录商谈内容。商谈最好在自然光下，尽可能在明亮的光线下进行。

·把握和顾客的肤色或年龄相符合的色调。

·考虑顾客的性格和生活习惯。比如经常游泳或者洗桑拿的人在进行脱色或酸性染色时应该特别注意。

·把握顾客的职业及其特点。

2) 过敏性测试

进行碱氧化染色或脱色前必须进行过敏性测试。过敏性测试使用的染色剂要和实际染发造型时使用的染色剂比例相同。

·耳后有发线的地方或者将手臂的内侧作为试验部位。

·用温和的香皂和水清洗测试部位之后，用洗涤液擦拭测试部位（硬币大小的范围）直至晾干。

·准备好给顾客使用的染色剂。

·用经过杀菌处理的消毒棉在测试部位涂抹染色剂。

·保持 24 ~ 48 小时避免触摸测试部位。

·查看测试部位。

·将结果记录到顾客卡片上。

过敏性测试中如果出现阴性反应，也没有炎症的话，这个染色剂就可以使用。如果由染色剂引起红肿、瘙痒，出现水疱等异常的皮肤反应，此种类的染色剂就不能使用。

3）观察头皮和毛发

·确认头皮是否有伤口或者炎症。如果忽视这一点，会有染色剂流入伤口，可能导致伤口变大，引起过敏反应。

·检查可否使用海娜粉、头发焗油、金属性染色剂进行染色。

·检查头发损伤是否严重或者是否是油性发质。

CHAPTER 05

✳ 染发剂涂抹技术

1. 毛刷涂抹技术

1) 靓丽的天然毛发

(1) 涂抹顺序

氧化永久性染发剂的染色速度快，且容易受温度和时间等因素的影响，所以应该注意。同时染发剂中含有碱性药剂和过氧化氢，其温度受头皮和外部温度的影响较大。特别是给从没有进行过任何染烫处理的头发上色时，应该把握好头皮的温度差。即便是一缕头发，靠近头皮部分和末梢部分也有温度差，所以应该注意。

① 易染色部分和不易染色部分

对毛发整体进行染色时，基本上分为把头部分片儿，从温度低的后脖颈开始涂抹，然后是容易上色的脸部线分界部分，最后涂抹头顶部分。特别是像胎毛一样纤细且容易染色的部分可以少量涂抹（图5.1）。

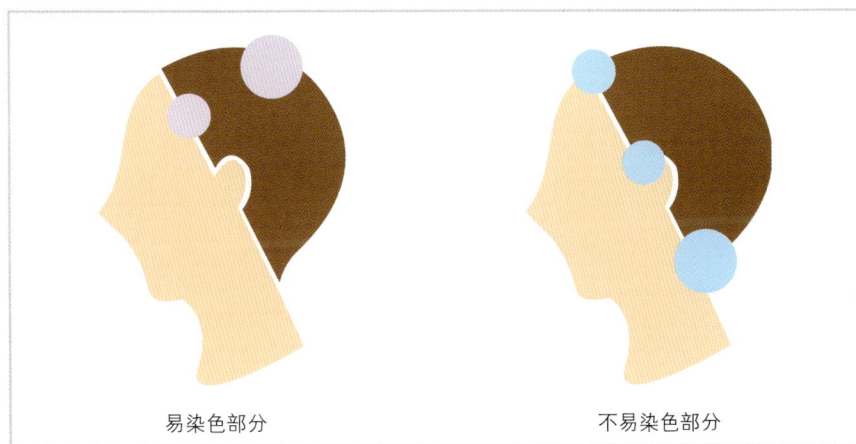

易染色部分　　　　　　　不易染色部分

图5.1　易染色部分和不易染色部分

② 基本涂抹顺序

涂抹顺序	内容
	· 毛发中间部分是最不容易染色的部分 · 开始用毛刷蘸上染色剂后首先梳理毛发中间部分
	· 即使是没有做过烫染的头发，其发尾部分也极易因为洗发水或者吹风机的使用等造成头发的损伤 · 涂过中间部分后接着用毛刷涂抹发尾部分 · 损伤越多，染色剂越容易渗透
	· 毛发的发根部分容易受到体温影响，所以容易上色

（2）染色剂涂抹量

① 健康的毛发

将毛发染成亮色时，发尾部分染发剂用的较多。

少 ——————→ 多

② 毛发发尾有损伤的情况

将毛发染成暗色时，发根部分需要涂抹更多的染发剂。

多 ——————→ 少

（3）毛刷涂抹角度

内容	说明
30°（多） 	**不易染色部分：放倒刷子多涂抹** ・白发或油性发质 ・时尚发色的中间部分 ・末端毛发
60°（中） 	**一般涂抹：将毛刷倾斜，涂抹适量的染发剂** ・染色时，主要涂抹在温度极易变高的毛发的发根部分 ・毛发的整体涂抹
90°（少） 	**易染色部分：立直刷子轻微涂抹** ・受损伤的毛发根部 ・时尚发色的发线从头皮开始 1cm 处（受体温的影响） ・染白发的时候毛刷竖成 90° 涂抹发根部分，从分线部分开始涂抹可以更准确地染色

2) 白发的染色

毛发的颜色是由毛发内部存在的黑色素的量和形成阶段决定的。白发是因为黑色素没有生成或者黑色素的量较少甚至没有而产生的现象。

没有比白发更亮的发色。因此对白发进行染色时，可以不必使用 pH 较高的染发剂。黑色毛发的上色力受到黑色素脱色力的制约。但是因为白发不含有黑色素，所以只要通过发色作用就能充分上色。

使用产品	白发的效果
脱色剂	·因为完全没有色素，只有脱色力，所以对白发没有效果 ·对黑色染色毛发进一步升级
碱性染发剂	·2~6 度的毛发，染亮色暗色都可以实现 ·提高黑色毛发明度等级的同时，白发也可以一起调节 ·色彩多样，时间及用量都可以调节染色效果
低碱性低酸性染发剂	·只适用于染黑色毛发 ·将白发染成亮色比较困难
酸性染发剂	·用绘图纸可以把白发将要染成的多种色彩描绘出来 ·毛发损伤较少 ·靠近头皮的毛发根部染色较困难

（1） 片染

将整体分成 4 个部分。在分好的部分上涂抹染发剂。

（2） 涂抹顺序

从头皮和热无关的且白发较多的部分开始涂抹。

发根部位将毛刷放倒涂抹。

（3）涂抹量

　　·白发多的部分或者新发生长的部分多涂抹染发剂。

　　·将毛刷放倒使用。

3）染色顺序

（1）白发

① 整体染色

　　·开始染色之前简单梳理，染色过程中不再梳理。

　　·从白发多的部分，主发线部分开始涂抹。

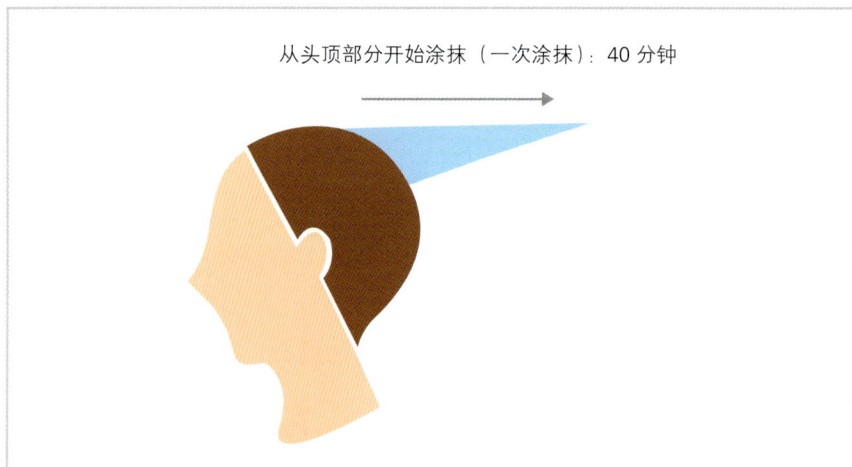

从头顶部分开始涂抹（一次涂抹）：40 分钟

② 再染色

　·只涂抹发根部分新生长的毛发。

　·如果一次性涂抹至已染部分，已染部分的色素堆积，色调可能会变得更暗。

　·对已染部分进行护发修复，或者用剩余的染发剂和水混合涂抹褪色部分，增强其色素量。

对新长出毛发部分的再染色

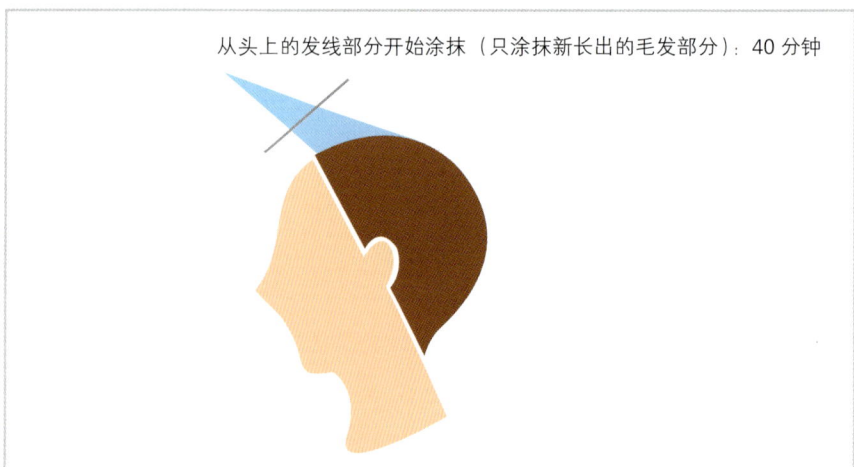

从头上的发线部分开始涂抹（只涂抹新长出的毛发部分）：40 分钟

（2）显色

① 出彩的原色染，酸性染色。

　　·将整体四等分后，从头顶部分开始涂抹。

　　·染成暗色或者追求没有色调变化时，因其与头皮温度关系小，看得清楚的部分容易上色，所以从前面或顶部开始涂抹效果更佳。

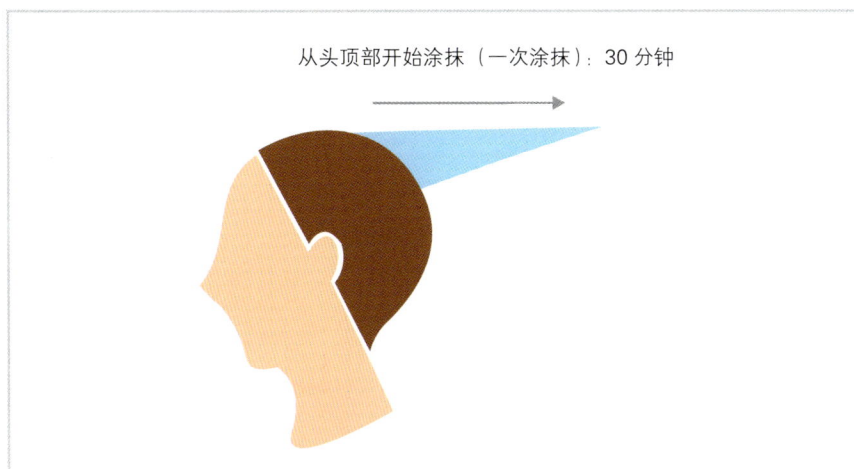

从头顶部开始涂抹〔一次涂抹〕：30 分钟

② 显色部分：两次涂抹

　　·将头顶部四等分后，从后颈部位开始涂抹。

　　·从毛发的中间部分开始梳理涂抹。

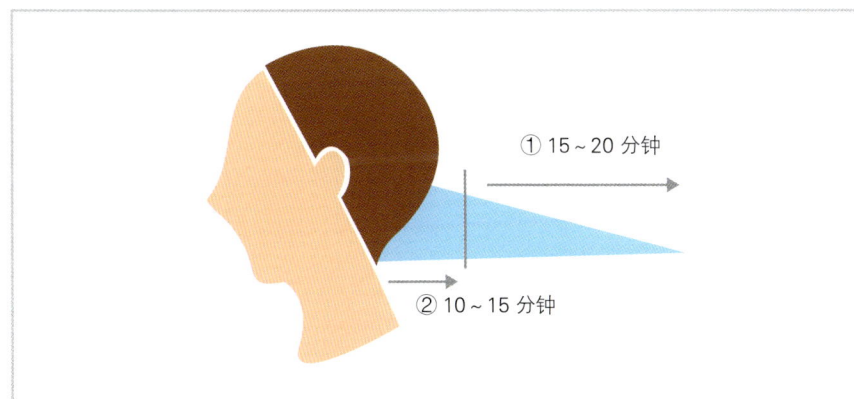

① 15～20 分钟

② 10～15 分钟

2. 氧化永久性染色的实际操作

1）处女发（新生发）的染色

（1）希望的色彩比自然毛发色彩亮 1~2 度的情况
① 毛发长度在 20cm 以下

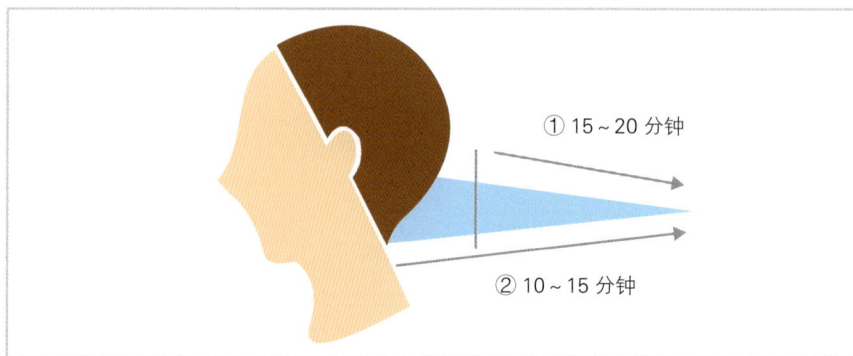

① 15~20 分钟

② 10~15 分钟

step 1. 将混合染发剂（期望色染色剂 + 氧化剂 6%）从距离头皮 1~2cm 部分开始涂抹。放置时间为 15~20 分钟。

step 2. 重新调配染发剂，从头皮部分到发尾全部涂抹。步骤 1 部分少量涂抹，放置时间为 15~20 分钟。

② 毛发长度 20cm 以上

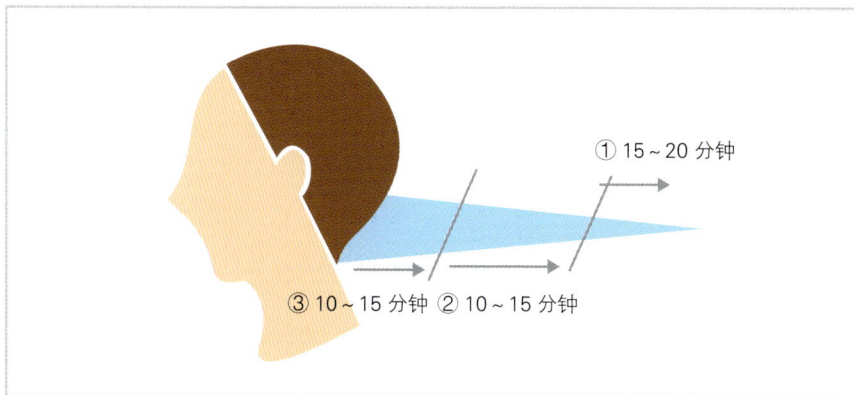

① 15～20 分钟

③ 10～15 分钟　② 10～15 分钟

step 1. 将混合染发剂（期望色染色剂 + 氧化剂 6%）从距离头皮 20cm 以上的部分开始涂抹。放置时间为 15～20 分钟。

step 2. 从离头皮 1～2cm 的部分开始涂抹，放置时间为 15～20 分钟。

step 3. 重新制作染发剂从头皮到发尾全部涂抹。步骤 1、步骤 2 部分少量涂抹。放置时间为 15～20 分钟。

（2）期望色比自然毛发亮 3～4 度的情况

目前使用的染发剂中使用 6% 的氧化剂，所以一次性使毛发亮 3～4 度比较困难。可以根据色彩的不同使用 9% 的氧化剂或洗发水漂白剂，通过初次脱色提前做出底色后进行染色。

① 使用 6% 氧化剂使毛发亮 3 度的情况：洗发漂白剂。

6% 氧化剂一次只能使毛发提高 1～2 度，因此，进行染发前应该利用洗发漂白剂使毛发再亮 1 度。

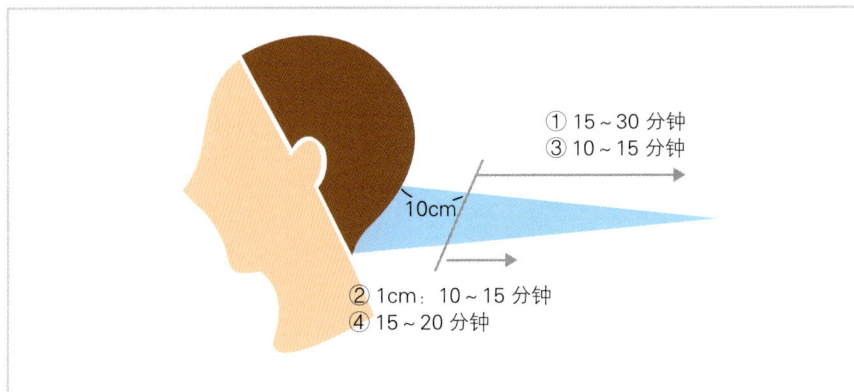

① 15～30 分钟
③ 10～15 分钟

10cm

② 1cm：10～15 分钟
④ 15～20 分钟

step 1. 制作洗发漂白剂，从距离头皮 1cm 的部分开始涂抹。放置 15～30 分钟。

step 2. 再次将洗发漂白剂涂抹在发根部分，变亮 1 度后漂洗干净。

step 3. 用吹风机吹干头发，将想要的染色剂涂抹在距离头皮 1cm 的部分，放置 10～15 分钟。

step 4. 重新在毛发根部涂抹染发剂，放置时间为 15～20 分钟。

洗发漂白剂（Shampoo Bleach）

将漂白剂粉末 + 6% 氧化剂 + 水 + 洗发水，按 1：1：1：1 的比例混合。

这是在期望将毛发染亮 1 度时，为预防过度脱色，利用洗发水的泡沫处理的一种脱色方法。将混合漂白剂有层次地涂抹在距离发根 1cm 处，两手均匀地进行按摩，使之渗透。保持泡沫在 15～30 分钟内持续存在，然后在涂抹发根部分重新揉出泡沫，放置约 10 分钟后漂洗，也可以在洗发台上直接进行此步骤。

② 使用 6% 的氧化剂使毛发亮 4 度以上的情况：初次脱色。

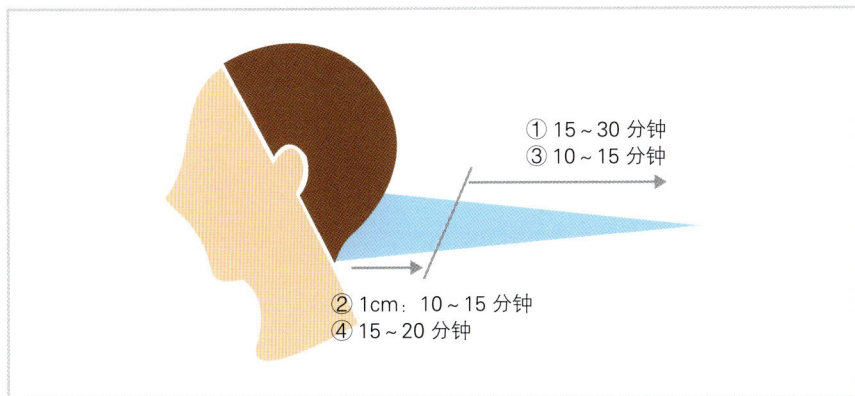

① 15～30 分钟
③ 10～15 分钟

② 1cm：10～15 分钟
④ 15～20 分钟

step 1. 制作染色剂，从离头皮 1cm 处涂抹，放置 15～30 分钟。

step 2. 重新用脱色剂涂抹发根部分，等变亮 2 度后漂洗干净。

step 3. 用吹风机吹干头发，在距离头皮 1cm 处涂抹期望色彩的染发剂，放置 10～15 分钟。

step 4. 在发根部分重新涂抹染发剂，放置时间为 15～20 分钟。

初次脱色

漂白剂粉末 + 6% 氧化剂按 1：1 的比例混合。

想将毛发亮度提高 2 度，用 9% 的氧化剂代替使用的情况下，要事先进行脱色后再进行染色。

③ 预先软化（pre-softening）

对于从来没有烫染过的粗发、坚硬的白发，为了使其变软从而更好地上色，要预先对其软化。

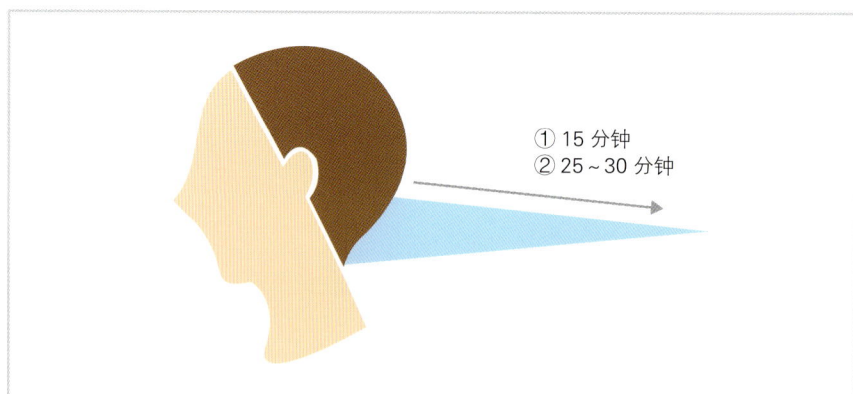

① 15 分钟
② 25～30 分钟

step 1. 只使用 6% 的氧化剂涂抹毛发整体。加热后放置 15 分钟左右。

step 2. 用期望的染发剂和 6% 氧化剂混合涂抹毛发整体。放置 25～30 分钟。

2）二次染色

适用于发根部分新长出的头发和染过后褪色的部分。

（1）稍微褪色的状态

使已染色部分和新生长毛发部分长度不足 2cm，保持二者色彩几乎无色差的状态。

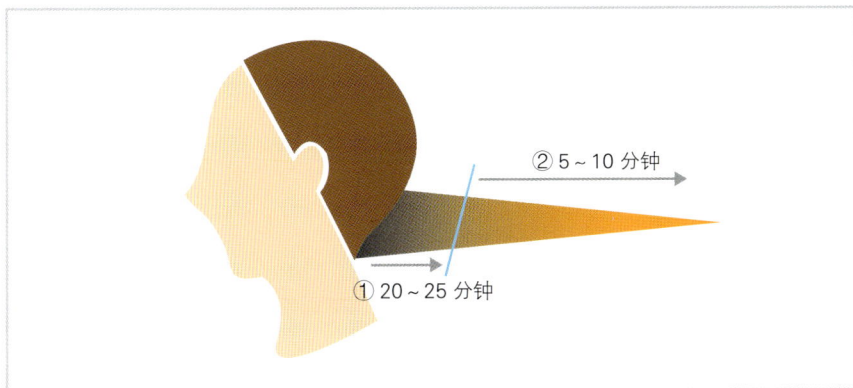

step 1. 将混合染发剂（期望色染色剂 + 氧化剂 6%）涂抹到头皮部分，放置 20~25 分钟。

step 2. 向步骤 1 中使用后剩余的染发剂中掺入温水，温水的量为剩余染发剂的一半即可，搅拌均匀后涂抹，放置 5~10 分钟。

step 3. 用粗齿梳子轻轻梳理，将步骤 1 和步骤 2 连接起来。

（2）新生发长度超过 3cm 时

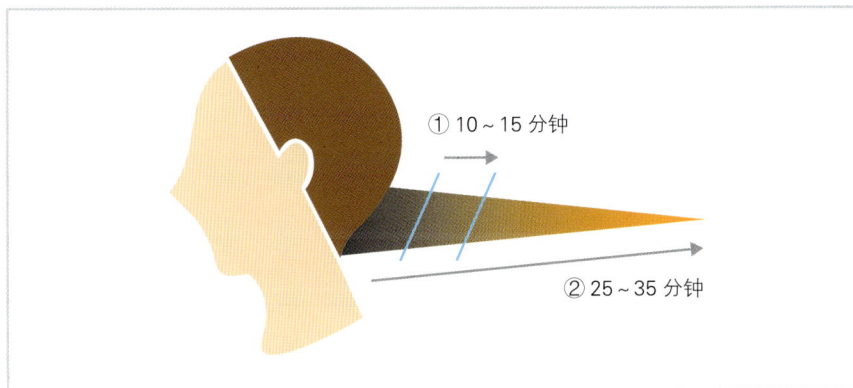

step 1. 将混合染发剂（期望色染色剂 + 氧化剂 6%）涂抹在距离发根 1cm 处的新生发部分，放置 10~15 分钟。

step 2. 从发根到发尾一次性整体涂抹，放置 25~35 分钟。

（3）当期望的色彩和已染色部分相差 1 度时

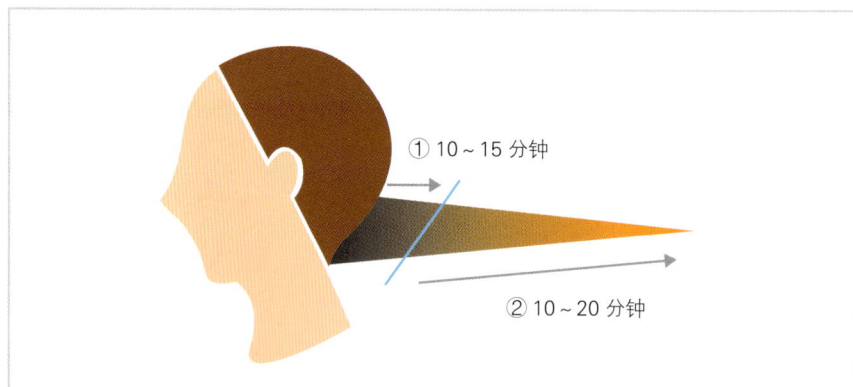

step 1. 将混合染发剂（期望色染色剂 + 氧化剂 6%）从头皮部分开始涂抹，放置时间为 10 ~ 15 分钟。

step 2. 在已染色部分上涂抹混合染发剂（期望色染色剂 + 氧化剂 6%），放置时间为 10 ~ 20 分钟。

（4）当期望的色相和已染色部分相差 2 度时

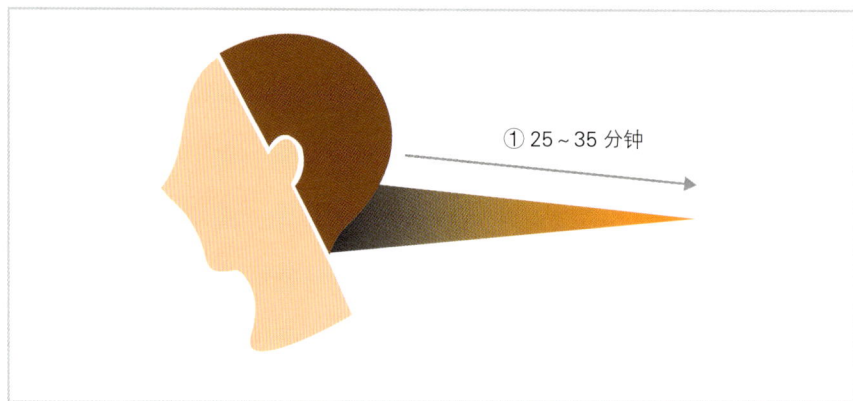

将混合染发剂（期望色染色剂 + 氧化剂 6%）从头皮部分到发尾部分一次性整体涂抹，放置时间为 25 ~ 35 分钟。

(5) 当期望的色相和已染色部分相差 3 度时

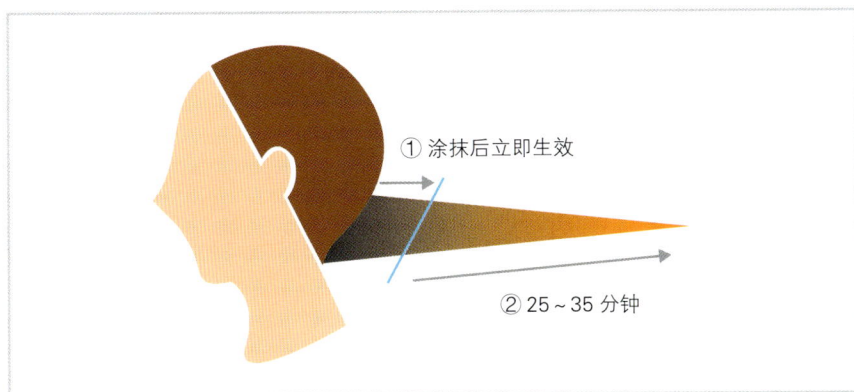

① 涂抹后立即生效

② 25～35 分钟

step 1. 将混合染发剂（期望色染色剂 + 氧化剂 6%）涂抹到头皮部分。涂抹后可立即生效。

step 2. 将混合染发剂剩余量 + 填充色 10g+ 温水 10mL 混合后涂抹。放置时间为 25～35 分钟。

① 色彩填充

·已染发部分的毛发损伤严重及多孔的情况，与期望的毛发色彩相差 3 度以上时，需要对已经褪色的染过部分补充上色。

·因为脱色严重，期望染成的颜色不容易上色时，染色之前填充色素可以使基色变暗。

·偏亮色的染发剂不使用填充色。

·现有的剩余染色剂里可以加入填充色（1 剂）和温水调配后使用。

·毛发褪色严重，毛发表皮张开，因为不用对毛发进一步脱色，所以不需放氧化剂，只混合 1 剂使用。

·毛发多孔性严重时，加入填充色染色的毛发不容易褪色。

预染色（pre-pigmentation）

染色部分褪色严重或者脱色过亮时，毛发损伤严重，造成多孔性毛发，不容易染着中间等级的色彩，色素也容易随之脱落。为了得到期望的发色，首先要在毛发上涂抹填充色的色素，然后用期望的色彩染色，这样也可以防止洗发后褪色、留斑点的问题。

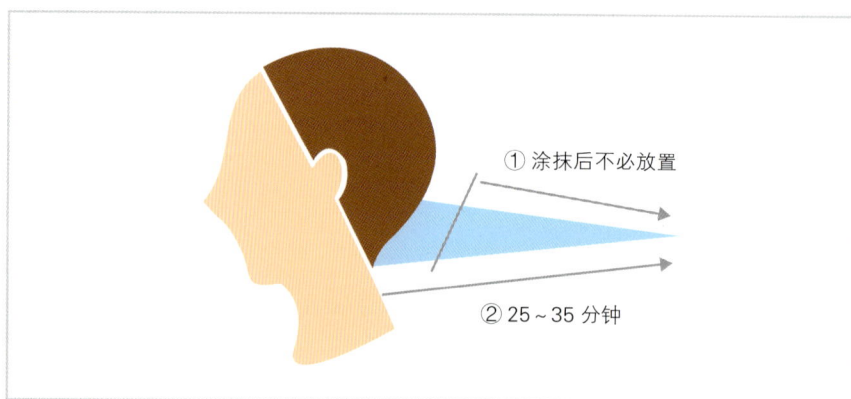

① 涂抹后不必放置

② 25 ~ 35 分钟

step 1. 水 10mL + 填充色 10g 调配后涂抹到已染色部分后可立即进行下一步。

step 2. 混合染发剂（期望色染色剂 + 氧化剂 6%）从发根开始涂抹毛发整体，放置时间为 25 ~ 35 分钟。

② 去除人工色素 （Cleansing）

比期望发色染得偏暗或者因用黑色将头发染得偏亮时，即在没有染成自己期望色调的情况下，可以使用去除毛发里人工色素的方法。有些国家虽然有单独的清洁霜，但是在韩国一般使用脱色剂进行清理。

step 1. 将氧化剂和脱色粉末按照厂家指示的方法混合。从距离发根 1 ~ 2cm 的部分，染色偏暗的部分开始快速涂抹。色彩偏暗的部分涂抹量可以偏大些。一边用手掌按摩一边随时检查毛发的颜色，整体头发揉搓 50 分钟。必要时可进行热处理。

step 2. 为减少脱色剂对头发的刺激，将脱色剂 + 营养剂或脱色剂 + 水按照 1 : 1 : 1 的比例混合，可以去除毛发中的人工色素。

3. 洗发及毛发打理

1）洗发

（1）染色前洗发

　　氧化永久性染色时，染色前尽量不洗头发。因为留在头皮的皮脂腺可以减少染色剂对头皮的刺激，并起到保护头皮的作用。但如果在头发上涂抹过造型产品时，事前需要洗发。

　　染发前洗发时，尽量做到不刺激头皮。应该尽量地减弱头皮的酸胀程度，同时也要尽量轻轻地去除毛发中的杂物。

（2）染发后的洗发

　　染色后毛发上要残留染发剂，因此，一定要及时洗头发，避免其再次发生作用。另外，因为染发剂会刺激头皮，所以应尽快弱化头皮的这种酸胀感。

　　染发剂中含有的表面活性剂对去除沾在头皮上的染发剂有一定作用，因此染色后用微温的水仔细揉搓头发，去除留在头皮的染发剂，并使之充分软化后，涂上洗发水将头发清洗干净。同时，将脖子及面部沾上的染发剂擦干净也很重要。染色后为了中和因碱性造成的不均衡的毛发 pH，应该使用酸性或者染发专用的洗发水。

2）毛发打理

（1）护发修发素

染色后因为毛发的蛋白质损失，很容易导致毛发多孔。损伤的毛发容易褪色，毛发表面变得粗糙，反射光线也会变得比较暗淡。为了保持毛发的光泽和长期维持期望的发色，染色后应当定期对毛发进行护发修复。

进行护发修复时，只有不使用护发素，才能有效地使护发修发素渗透到头发表皮层。因此，护发修复应该在洗发擦拭吹干后进行。

（2）造型

染色后使用像烫发钳或者烘干器类似的工具给头发设计造型。从加热开始，事前应涂抹有护发效果的乳霜。

进行室外活动较多时，紫外线会伤害毛发，这也是毛发褪色的原因之一。所以，为了预防紫外线的伤害，保护头发，要涂抹隔离紫外线、保护毛发的专用护发修发素。

CHAPTER **06**

✳ **漂白技术**

1. 漂白—挑染—片染技术
（bleach weaving slice technique）

挑染片染是指把头发分片上色，用梳子一端将毛发分股向上夹起。向上夹起的部分要维持 3mm、5mm、7mm 的间隔。间隔越宽，整体的亮度就会随之提高 30%、50%、70%。

对齐剪发线（Cut line）的情况，通过这种方法，可以获得突出毛发走向，做出整体自然效果或者希望有光线的明亮效果等期望的各种设计效果。

铝箔纸使用方法

将毛发均匀地一股一股包起，不用担心液体流出。一般适用于漂白头发、等级或色彩不同的染发剂涂抹时。

【准备物品】

银钉、尖尾梳、染色球、毛刷、镊子、漂白粉、氧化剂。

1

2

3

4

5

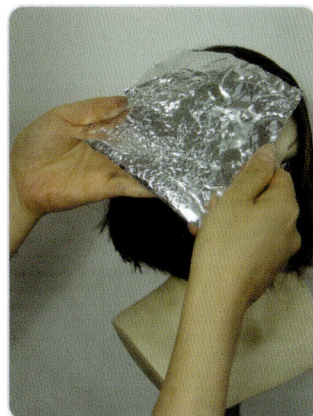

6

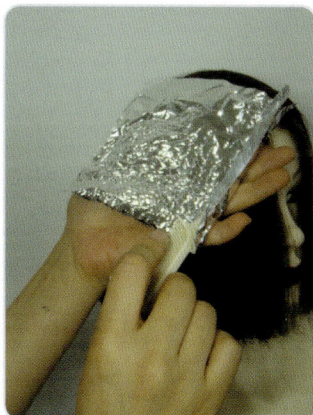

7

8

9

10	11

挑染技术

3mm 挑染技术

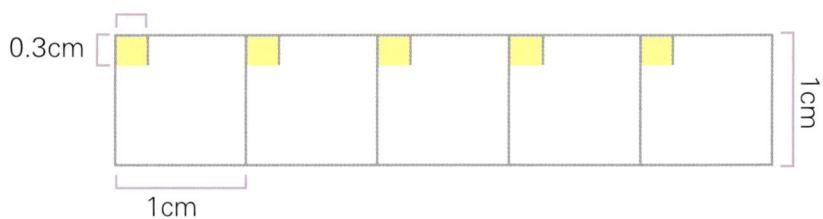

5mm 挑染技术

7mm 挑染技术

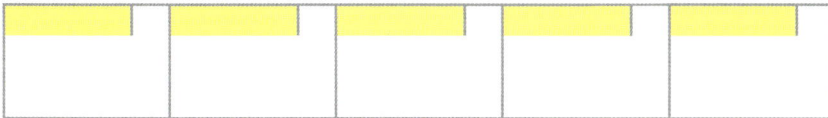

挑染顺序

step 1. 将头上整体四等分。

step 2. 用尖尾梳按 1cm 间隔分片，然后垂直 90° 梳理。

step 3. 将尖尾梳靠近分片线内梳整。

step 4. 跨过下一部分 1.5cm 分片。

施行挑染前

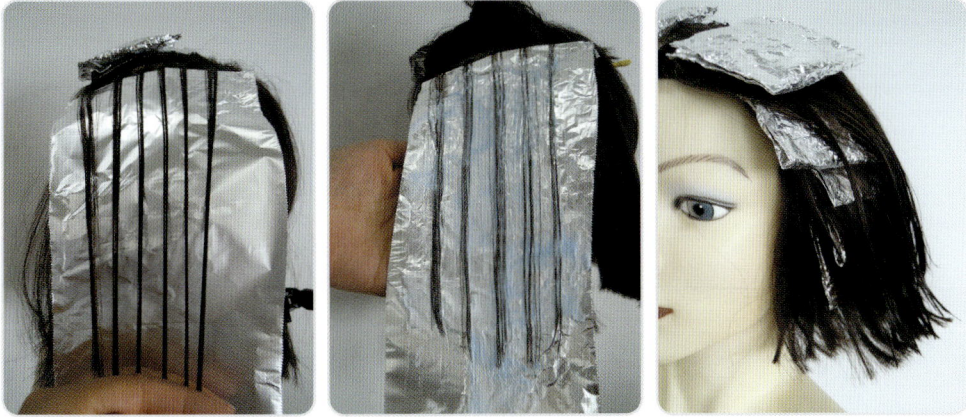

施行挑染

挑染完成

2. 片染漂白技术

想突出毛发竖线时使用片染漂白技术。这一技术适用于头发整齐下垂型或蓬松型等多种多样的发型。根据毛发的走向呈放射状合理分片进行漂白。

片分厚了的话，相应厚度的线会很明显，片分得不好很可能造成头发蓬乱等印象，所以应该格外注意。

【准备物品】

银钉、尖尾梳、染色球、毛刷、镊子、漂白粉、氧化剂。

🎨 挑染顺序

step 1. 将头部毛发分为 4 部分。

step 2. 用尖尾梳按 1cm 间隔分片儿，然后垂直 90° 梳理。

step 3. 将尖尾梳靠近分片线内梳整。

step 4. 下一部分间隔 1.5cm 分片儿。

进行片染前

  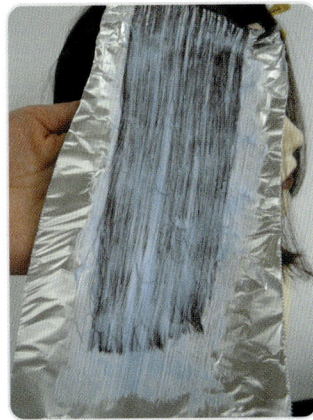

 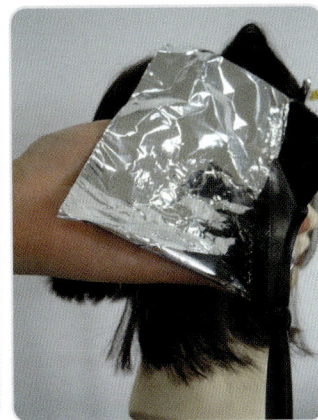 

进行片染

片染完成

1）平行片染

用和地面平行片染的方法可以打造包括直发在内的多种多样的发型。

🎨 片染顺序

step 1. 把头发整体四等分。

step 2. 每一分区的厚度为 5mm，发片与发片的间隔为 15mm，和地面平行分片，施行厚度要均匀。

step 3. 从间隔发根 2～3cm 处涂抹，发根部分最后根据脱色剂的量细心涂抹。

step 4. 将箔纸横折两次，再从距两端 1～1.5cm 处对折。

2）四线片染

用四线片染的方法可以很容易地对照片染的角度。

🎨 片染顺序

step 1. 将毛发分成 4 个区域后按 A 线进行片染。

step 2. 每片的厚度为 5mm，按照发片与发片的间隔（片与片的间隔）15mm、20mm 逐渐向下进行片染，片染厚度要均匀。

step 3. 从间隔发根 2～3cm 处涂抹，发根部分最后根据脱色剂的量细心涂抹。

step 4. 将铝箔纸横折两次，从距两端 1～1.5cm 处对折。

3. 漂白试验

使用脱色剂时，为了预先了解脱色适当的时间和期望毛发脱色的程度，需要对其进行试验，以此来掌握毛发脱色时恰当的氧化剂浓度和时间，以及脱色次数，从而得到最好的脱色效果。

1）由放置时间不同造成的脱色差

涂抹漂白剂后，根据放置时间了解脱色的差别。

【准备物品】
发卷 4 个，胶枪，塑料板，漂白粉，氧化剂（6%），银钉，梳子。

漂白顺序

step 1. 将漂白粉和氧化剂按 1∶3 的比例混合。

step 2. 用足量的漂白剂前后涂抹 4 个发卷整体。

step 3. 放置不同时间后漂洗。

1. 涂抹 6% 氧化剂后放置 10 分钟

2. 涂抹 6% 氧化剂后放置 20 分钟

3. 涂抹 6% 氧化剂后放置 30 分钟

4. 涂抹 6% 氧化剂后放置 40 分钟

5. 涂抹 9% 氧化剂后放置 20 分钟

6. 涂抹 9% 氧化剂后放置 40 分钟

2）由氧化剂浓度不同造成的脱色差

根据漂白剂酸化浓度不同，了解脱色差别。

制作 3% 的氧化剂：蒸馏水 1.5 + 氧化剂 1.5 + 粉末 1

【准备物品】

6% 氧化剂，9% 氧化剂，3% 氧化剂，发卷 6 个。

施行顺序

step 1. 将 3% 氧化剂、6% 氧化剂、9% 氧化剂分别和容器里的脱色粉末混合成不同浓度的脱色剂。

step 2. 放置时间在涂抹 30 分钟后固定下来。

粉末 +6% 氧化剂（1：1）　　　　粉末 +6% 氧化剂（1：2）

粉末 +6% 氧化剂（1：3）

粉末 +3% 氧化剂（1：1）

6% 氧化剂（1）

粉末 +9% 氧化剂（1：3）

3）因脱色次数不同造成的脱色程度

了解按脱色次数不同造成的脱色程度。

【准备物品】

发卷 4 个，脱色剂，漂白粉，氧化剂（6%）。

试验顺序

step 1. 同时给 4 个发卷涂抹脱色剂。

step 2. 放置 20 分钟后整体漂洗。

step 3. 3 个发卷再次涂抹脱色剂，20 分钟后漂洗，然后按照 2 个、1 个的顺序依次进行。

1. 粉末 +6% 氧化剂（1：3）
20 分钟 =1 次

2. 粉末 +6% 氧化剂（1：3）
20 分钟 +20 分钟 =2 次

3. 粉末 +6% 氧化剂（1：3）
20 分钟 +20 分钟 +20 分钟 =3 次

4. 粉末 +6% 氧化剂（1：3）
20 分钟 +20 分钟 +20 分钟 +
20 分钟 =4 次

4）颜色变化

　　酸性染色后去除已有颜色。做自然褐色时，可以利用补色原理使颜色中和。比如将绿色染色剂涂抹到红色头发上，红色就会消失，变成褐色或者暗褐色。

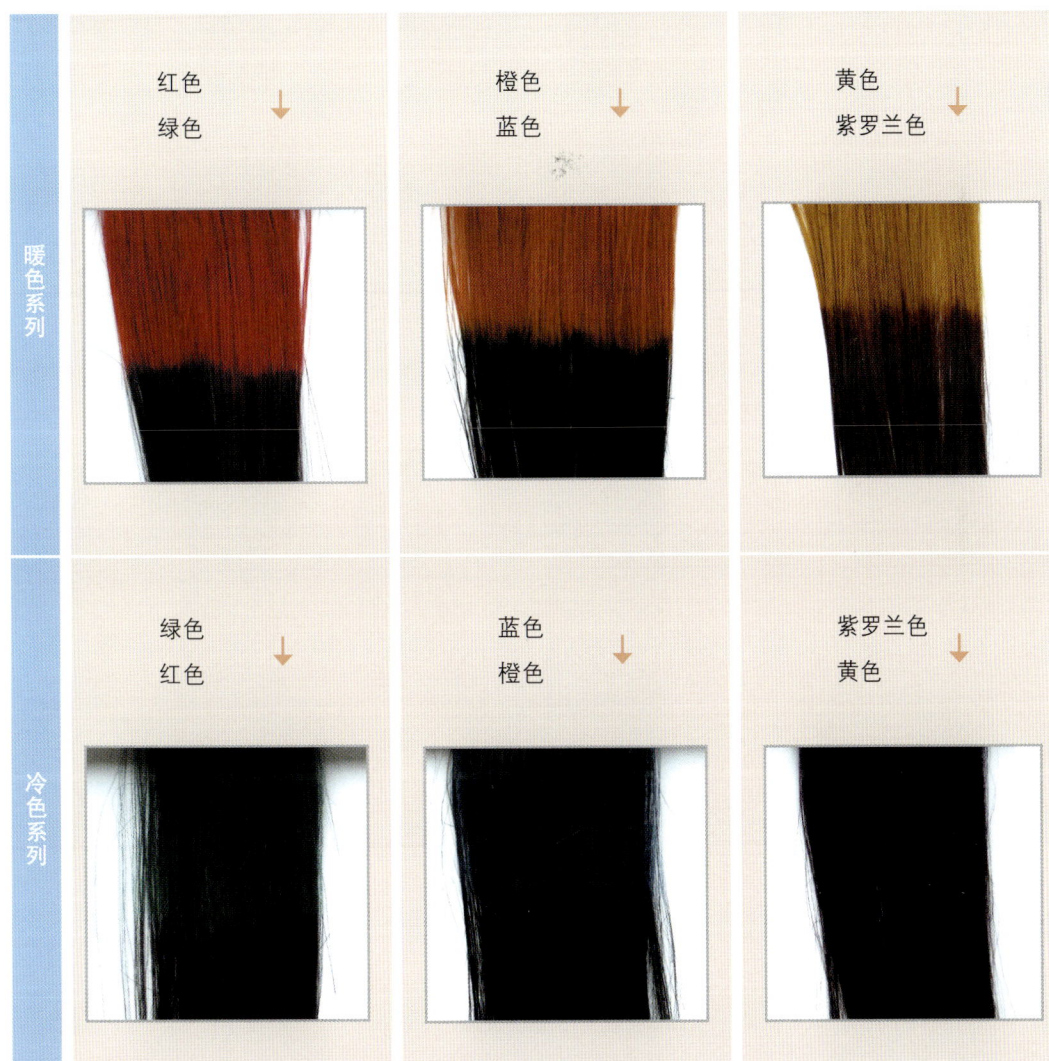

暖色系列	红色 绿色　↓	橙色 蓝色　↓	黄色 紫罗兰色　↓
冷色系列	绿色 红色　↓	蓝色 橙色　↓	紫罗兰色 黄色　↓

5）不同等级的永久性染发剂

色彩　　　　　度	3度	5度	7度	9度
基本色6% 氧化剂 1：3 比例 时间差　脱色				
5N				
6.36				
7.04				

色彩 度	3 度	5 度	7 度	9 度
7.11				
7.55				
8.3				
8.43				

色彩 ＼ 度	3度	5度	7度	9度
10.34				

6）等级不同，带来不同的酸性染发剂发色程度

根据脱色等级的不同，染色时发色的程度也会不同。因此，为了获得所期望的发色，应该校对好希望色的等级，调好毛发底色。

色彩 ＼ 度	3度	5度	7度	9度
基本色6% 氧化剂1：3比例 时间差　脱色				
黑色				

色彩 \ 度	3 度	5 度	7 度	9 度
绿色				
红色				
无色				
紫罗兰色				

色彩　　　　度	3度	5度	7度	9度
褐色				
蓝色				
黄色				
橙色				

CHAPTER 07

染发设计与技术

1. 叠韵染法

通过叠韵染法设计多种多样的造型时，其发色比其他颜色设计的形象更加显著，效果更加明显。它可以使头发更具有立体感，也更能突出造型设计的效果。这一技术可以使发型更加突出，多被活用为商业发型、上梳发型等。

染色渐变技术有很多种，其中最自然的方法是将发根一边染暗，并将越靠近发尾部分染得越亮。此技术有两种方法：一是将毛发的色相等级渐渐改变之后，调整酸性染发剂的浓度进行涂抹；二是使毛发脱色到 10 的等级后，按照酸性染色剂的明暗度调整后涂抹。

1）脱色方法

通过脱色表现渐变色时

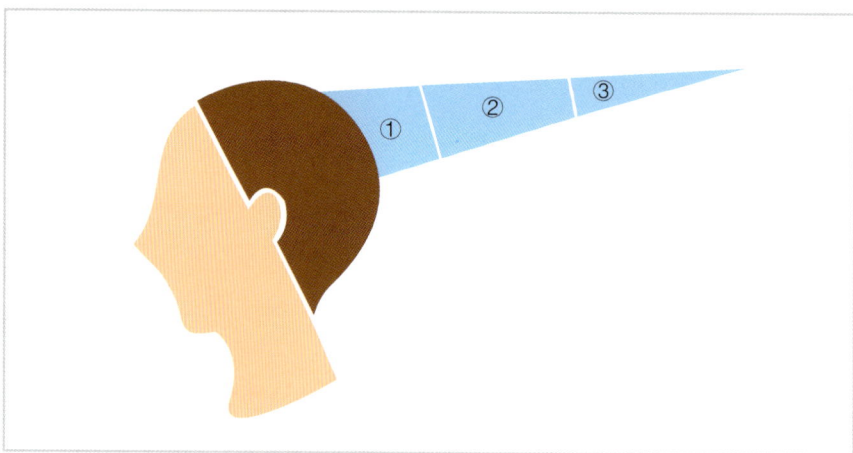

step1. 首先将毛发整体调到 5 度进行脱色。

step 2. 将毛发上的脱色剂清洗干净后在②③部位再次涂抹。

step 3. 当②部位达到 7 度左右时，清洗干净毛发脱色剂。

step 4. ③部位重新涂一次脱色剂，将毛发度调到 9 度以上。

step 5. 将①表现为偏暗色，②部分中间与③部分要非常明亮。

2) 用酸性染色剂表现叠韵技术的方法

酸性染发剂涂抹方法

step 1. 将毛发整体均匀地进行亮脱色。

step 2. 经过脱色的③部位涂抹透明的染发剂后用箔纸包好，以此来保持变明亮部分的发色。

step 3. ②部分混合浅绿色（绿色 + 黄色 + 透明）染发剂，涂抹后用铝箔纸包好。

step 4. ①部分涂抹绿色后用剩下的箔纸包好。

① 表现绿色时

绿色　豆绿色　透明

豆绿色（绿色＋透明）

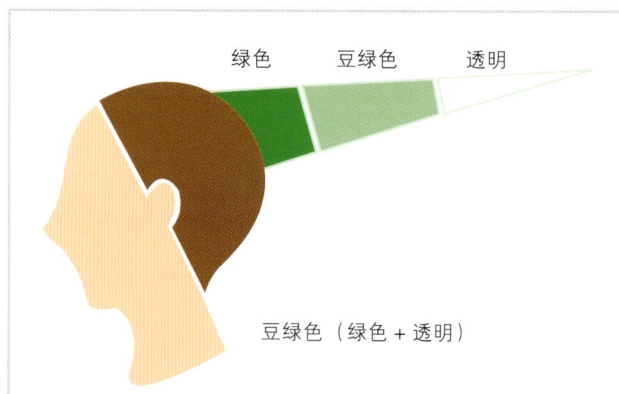

② 表现橘黄色时

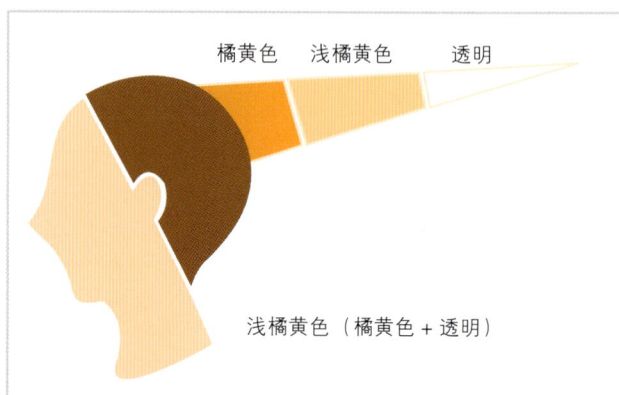

橘黄色　浅橘黄色　透明

浅橘黄色（橘黄色＋透明）

③ 表现紫罗兰色时

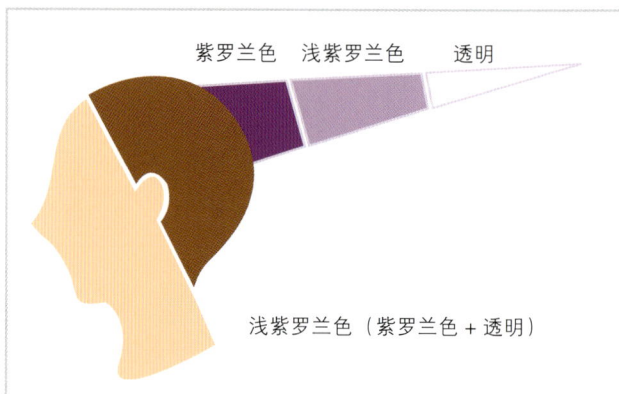

紫罗兰色　浅紫罗兰色　透明

浅紫罗兰色（紫罗兰色＋透明）

2. 模仿技术

　　打造上梳发型或模仿发型时，用表现技巧突出上梳发型的立体感，使其显得更加靓丽。将原本的头发扎起来脱色，涂上渐变酸性色彩，或者单独对部分头发脱色，做出想要的色彩进行装饰。

1）模仿实施方法

🎨 实施模仿前

🎨 模仿脱色

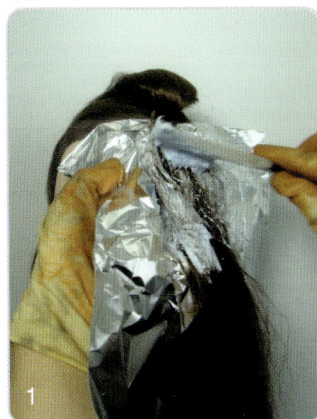

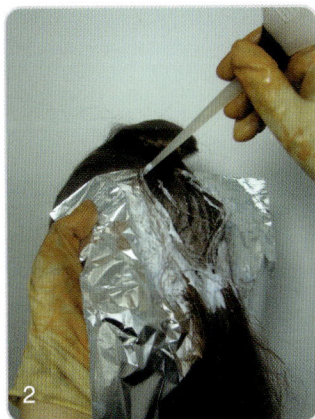

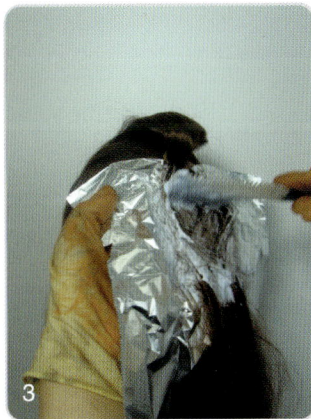

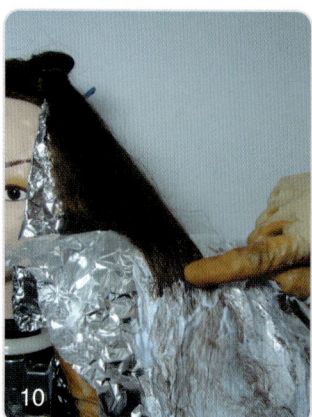

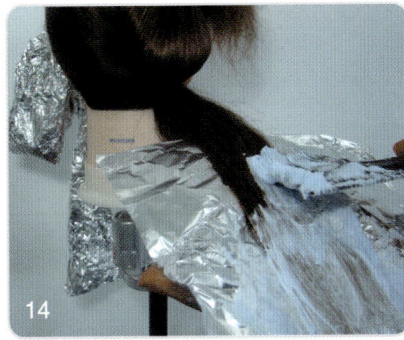

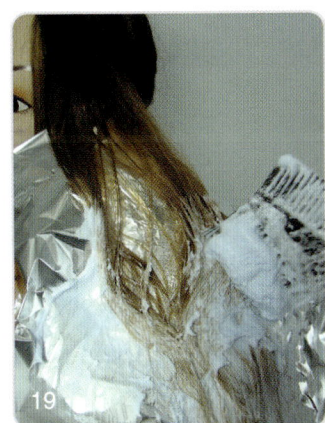

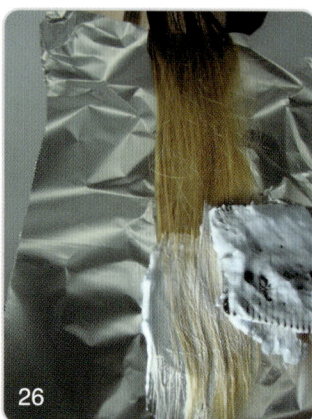

准备模仿色

模仿染色

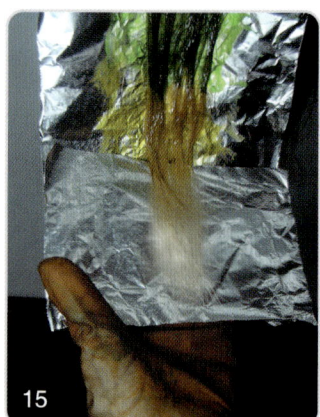

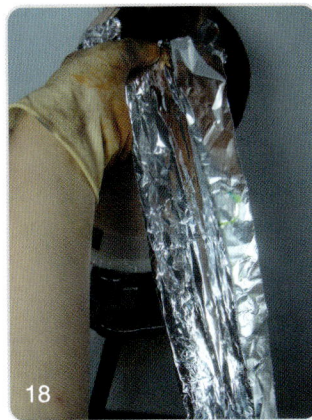

完成模仿染色

2）完成模仿操作

3. 商业发型染色技术

　　商业发型是指预先利用剪发、染色、吹发和手工技巧等技术打造现在和将来流行的发型，使染色效果更加凸显，并赋予商业性的日常发型。

1）特征

　　整体的结构和形态是三角形或者菱形，外轮廓、头顶和脖子后面的连接展现自然流畅的发型特点。

　　染色自然地打造出渐变性色彩变化，利用 C 卷、S 卷、J 卷的吹发技术，不会过度表现艺术性和装饰性，而是展现自然优雅的发型。

2）商业发型染色实施方法

🎨 商业发型染色实施前

商业发型染色实施过程

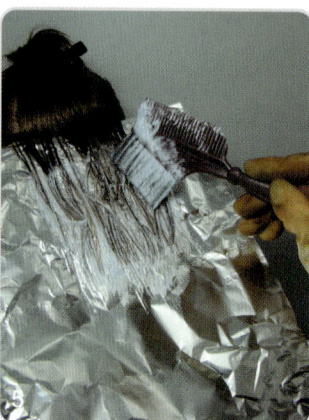

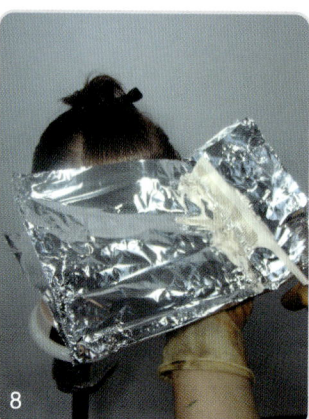

10

🎨 商业发型染色完成

3）商业发型染色完成

参考文献

[1] 金英美 . CCC 染发设计 . [M]. 韩国：青州文化社，2007.

[2] 李外洙 . COLOURING. [M]. 韩国：贤文社，2000.

[3] 赵静惠 . Hair Best Color. [M]. 韩国：训民社，1998.

[4] 金美善 . Hair Coloring Again. [M]. 韩国：艺林（예림），2002.

[5] 崔根熙 . 毛发科学 . [M]. 韩国：秀（수）文社，2001.

[6] 李英美 . 毛发管理学 . [M]. 韩国：训民社，2011.

[7] 安炫景 . 毛发染色设计 . [M]. 韩国：型设（형설）出版社，1999.

[8] 白善香 . 染发设计 . [M]. 韩国：艺林（예림），2003.

[9] 黄正源 . 染发设计 . [M]. 韩国：古文社，2002.

[10] 슈바츠코프 培训资料 .

作者简介

李英美

忠清大学皮肤美容系　　教授

张文周

忠清大学皮肤美容系　　兼任教授

延贞儿

忠清大学皮肤美容系　　兼任教授

辽宁科学技术出版社 Meifa Tushu

美发图书

基础篇

日本初级美发培训教程——剪发
日本初级美发培训教程——烫发
日本初级美发培训教程——染发
日本初级美发培训教程——吹风造型
日本初级美发培训教程——接待
专业吹风造型技术（配光盘）
染发基础教程（第二版）
韩式染发教程

提高篇

新娘造型设计与技法——盘发篇
新娘造型设计与技法——化妆篇
新娘造型设计与技法——整体篇
魅力盘发设计与技法
魅力女性盘发
形象设计宝典——脸形与发型设计
美发实用技术解析——原型修剪
美发实用技术解析——几何修剪
美发实用技术解析——编发
跟韩国老师学剪发——最感性的剪发教学指导
日本烫发技术解析
烫发攻略
图解剪发技术（第二版）
日本固定分区剪发技术
成功染发实用手册——从颜色来考虑
丝语1 适合脸形的修剪技法
丝语2 通向超人气发型师的金钥匙
丝语3 发型中的改良设计
丝语4 可爱发型新设计
丝语特辑 烫发解密

联系方式　投稿热线：024-23284063　QQ：542209824（添加时，请注明"读者"、"美发"等字样）　联系人：李丽梅
邮购热线：024-23284502　QQ：1173930104　联系人：何桂芬
http://www.lnkj.com.cn　QQ群：55406803

图书在版编目（CIP）数据

韩式染发教程／（韩）李英美，（韩）张文周，（韩）延贞儿
著；王元浩，焦广心译 . —沈阳：辽宁科学技术出版社，2015.2
ISBN 978-7-5381-8976-6

Ⅰ. ①韩… Ⅱ. ①李… ②张… ③延… ④王… ⑤
焦… Ⅲ. ①头发—染色技术—教材 Ⅳ. ①TS974.22

中国版本图书馆CIP数据核字（2015）第004649号

出版发行：辽宁科学技术出版社
　　　　　（地址：沈阳市和平区十一纬路29号　邮编：110003）
印 刷 者：沈阳市博益印刷有限公司
经 销 者：各地新华书店
幅面尺寸：190mm×255mm
印　　张：8.5
字　　数：80千字
印　　数：1～4000
出版时间：2015年2月第1版
印刷时间：2015年2月第1次印刷
责任编辑：李丽梅
封面设计：袁　姝
版式设计：袁　姝
责任校对：徐　跃

书　　号：ISBN 978-7-5381-8976-6
定　　价：48.00元

投稿热线：024-23284063　QQ：542209824（添加时，请注明"读者"、"美发"等字样）　联系人：李丽梅
邮购热线：024-23284502　联系人：何桂芬
http：//www.lnkj.com.cn
QQ群：55406803